衣身结构设计要素

对合门襟 / 第 054 页
▼

图 2-47

后中心线处开襟 / 第 055 页
▼

图 2-51

肩部开襟 / 第 056 页
▼

图 2-53

图 2-54

图 2-55

图 2-56

半裙结构设计案例

案例一：多节裙 / 第 114 页

图 7-1

案例二：碎褶裙 / 第 115 页

图 7-4

案例三：褶裥裙 / 第 118 页

图 7-8

案例四：无腰拼片裙 / 第 119 页

图 7-12

案例五：鱼尾裙款式一 / 第 120 页

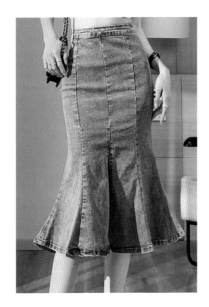

图 7-16

案例五：鱼尾裙款式二 / 第 122 页

图 7-19

案例五：鱼尾裙款式三 / 第 123 页　　案例六：喇叭裙款式一 / 第 126 页

图 7-23

图 7-29

案例六：喇叭裙款式二 / 第 127 页　　案例六：喇叭裙款式三 / 第 129 页　　案例六：喇叭裙款式四 / 第 130 页

图 7-32

图 7-35

图 7-39

案例八：育克双层裙 / 第 134 页
▼

案例七：蓬蓬裙 / 第 132 页
▼

图 7-48

案例九：不对称低腰裙 / 第 135 页
▼

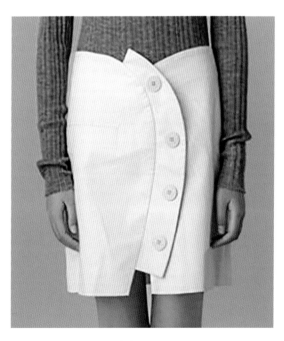

图 7-44

图 7-52

图 7-57

图 7-64

图 7-61

连衣裙结构设计案例

案例一：高腰连衣裙 / 第 141 页

图 8-1

案例二：低腰连衣裙 / 第 144 页

图 8-9

案例三：刀背缝连衣裙 / 第 147 页

图 8-16

案例四：吊带连衣裙 / 第 149 页

图 8-23

案例五：背带连衣裙 / 第 150 页

图 8-28

案例六：半开襟连衣裙 / 第 152 页

图 8-34

案例七：双排扣连衣裙 / 第 155 页

图 8-43

案例八：改良旗袍 / 第 157 页

图 8-49

"十四五"普通高等教育本科部委级规划教材

女裙装结构设计：
成衣案例分析手册

STRUCTURAL DESIGN OF WOMEN'S SKIRTS :
READY-TO-WEAR CASE ANALYSIS MANUAL

刘 旭 | 著

中国纺织出版社有限公司

内 容 提 要

本书为"十四五"普通高等教育本科部委级规划教材。

本书内容分为准备模块、基础模块和专项模块。准备模块是对服装结构设计基础常识的介绍。基础模块分别对衣原型、袖原型、衣领、基础裙、连衣裙的结构制图原理及基本变化规律进行了分析，这部分内容讲解详细，是初学者必备的结构基础知识。专项模块是以半裙、连衣裙的款式变化为主的案例分析，案例翔实，制图方法以日本文化服装学院原型制图方法为基础，制图步骤详细。

本书既可作为高等院校服装专业教材，也可作为服装行业相关人士参考用书。

图书在版编目（CIP）数据

女裙装结构设计：成衣案例分析手册 / 刘旭著 . --
北京：中国纺织出版社有限公司，2023.11
"十四五"普通高等教育本科部委级规划教材
ISBN 978-7-5229-1168-7

Ⅰ. ①女… Ⅱ. ①刘… Ⅲ. ①裙子—服装设计—高等
学校—教材 Ⅳ. ①TS941.717

中国国家版本馆 CIP 数据核字（2023）第 203206 号

责任编辑：张艺伟 魏 萌 责任校对：王花妮
责任印制：王艳丽

中国纺织出版社有限公司出版发行
地址：北京市朝阳区百子湾东里 A407 号楼 邮政编码：100124
销售电话：010 — 67004422 传真：010 — 87155801
http://www.c-textilep.com
中国纺织出版社天猫旗舰店
官方微博 http://weibo.com/2119887771
北京通天印刷有限责任公司印刷 各地新华书店经销
2023 年 11 月第 1 版第 1 次印刷
开本：210×285 1/16 印张：10.5 插页：8
字数：220 千字 定价：45.00 元

前 言

　　编写本系列教材的想法由来已久，具体思路和框架是在教学实践中经过了不断的调整和修正，才最终确定下来的。针对实践环节中学生实践经验及应用变化能力不足的问题，深感迫切需要一本既能体现教学知识体系框架和内容又能结合服装款式变化多样这一特点的实用性强的教材，以弥补学生实践经验少、应变能力不足的弱点。本系列教材力求从服装结构设计的角度出发，注重开发、引导及培养学生结构设计思维体系的构建。教材结构设计思路新颖，符合当下学生学习心理特征与实际需要，有别于单纯案例罗列的书籍。

　　本系列教材共分三册，以实际案例的形式，对女上装、女裤装、女裙装的结构分别进行讲解。本书《女裙装结构设计：成衣案例分析手册》共有三个模块：准备模块、基础模块和专项模块。准备模块是对服装结构设计基础常识的介绍。基础模块分别对衣原型、袖原型、衣领、基础裙、连衣裙的结构制图原理及基本变化规律进行了分析，这部分内容讲解详细，是初学者必备的结构基础知识。专项模块是以半裙、连衣裙的款式变化为主的案例分析。书中案例翔实，与实际应用联系紧密，每个案例都经过了精心挑选，款式力求经典，具有代表性与延伸性，且每个案例涵盖不同知识点。案例排序按难易程度由浅入深，符合学习规律。

本书特点是注重基础内容，知识体系细化，案例由浅入深，逐步深化，渐进式导入结构性设计思维模式，注重培养学生结构设计的拓展能力。内容由易到难，适合不同学生的需要以及选择应用。

著者

2023 年 6 月

目　录

专项模块

准备模块

模块 1 服装结构设计概述

1 了解服装结构设计

服装结构设计就像桥梁一样把设计师的灵感、设计思维与三维立体的实物联系起来。服装结构设计是实现服装款式造型设计的必经途径，在服装立体形态构成的过程中处于中间环节，具有承上启下的重要作用。

服装结构设计涉及技术与艺术设计两方面，通过平面结构设计与立体结构设计两大构成方法，实现三维立体服装的设计。服装结构设计相对于纯粹的艺术设计而言更理性、更严谨，已形成一套完整的体系。本书以平面结构设计方法为主进行讲解。

1.1 服装结构设计简介

服装结构设计是研究服装结构内部及各部位的构成关系，装饰性与功能性的设计、分解及构成规律和方法的课程，是技术和艺术相互融合、理论和实践密切结合的综合性较强的学科。

现代服装工程包括服装款式造型设计、服装结构设计、服装工艺设计三部分。

服装结构设计是现代服装工程的重要组成部分，有承上启下的作用。服装结构设计可以将立体的服装形态分解成相应的科学的、合理的平面几何图形，同时修正款式造型设计中不合理的结构关系，为工艺制作提供完整的系列样板，是实现服装款式造型设计的必经途径。

服装结构设计涉及以下相关科目（图 1-1）。

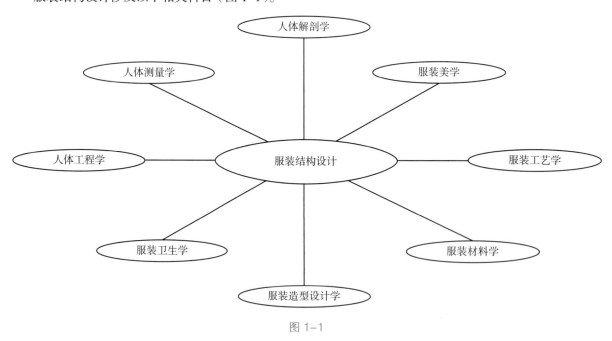

图 1-1

与其他学科相比，服装结构设计具有很强的技术性与实践性，所以必须通过大量的实践才能得到深入的理解和掌握。同时，结构设计更注重思维的逻辑性与严谨性，需要学习者有严谨细致、孜孜不倦的学习态度。

1.2 服装结构设计原理

1.2.1 立体形态与平面图形的转换

对立体形态与平面图形之间转换的思维掌控能力是学习服装平面结构设计的关键。接下来以日常生活中常见的立体几何为例，了解从立体形态到平面图形的转化过程。

（1）以圆柱体为例，显示其立体形态与平面展开图形的对应关系（图1-2）。

图 1-2

（2）以圆台为例，显示其立体形态与平面展开图形的对应关系（图1-3）。

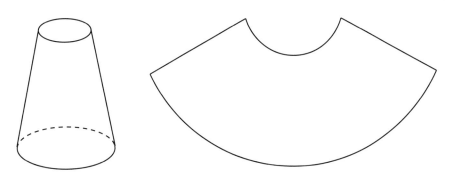

图 1-3

（3）以球体为例，显示其立体形态与平面展开图形的对应关系（图1-4、图1-5）。

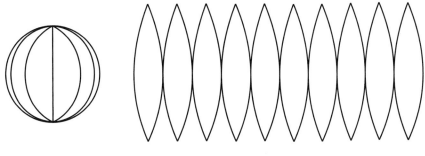

图 1-4

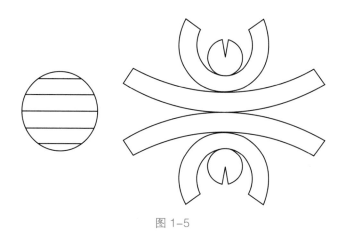

图 1-5

1.2.2 立体形态与平面图形的转换原理实例

把服装立体造型分解为相应的几何形体后，结构制图则是对几何形体的平面展开图形的组合。以一款直筒裙型为例，其"几何形体→平面展开图形→结构制图"的对应关系如图 1-6 所示。

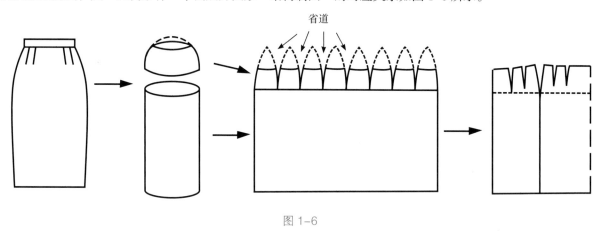

图 1-6

2 服装结构设计与人体结构

人体美造就了服装美，服装结构设计严格来说并不是单单由设计师决定的，设计师必须考虑到人体工程学。正所谓"量体裁衣"，明确指出了人体结构与服装结构之间的关系。人体结构的基本形态与尺寸是构成服装结构形状与大小的依据，对人体体态特征的了解以及对人体相关部位尺寸的测量和服装号型的掌握是结构设计者必备的基本技能。

2.1 人体结构概述
2.1.1 骨骼（图 1-7、图 1-8）

骨骼是人体的支架，决定了人体的体积和比例。掌握骨骼与骨骼之间关节的位置、活动方向以及活动度，对于服装结构设计有着重要的指导意义。

躯干骨。从侧面看，人直立时会形成"S"形的生理弯曲弧线，其中颈椎和腰椎活动幅度较大，所以在服装结构制图时必须了解这些部位的运动幅度。胸椎附有 12 对肋骨，左右均等。肋骨与前胸中央的胸骨以及下方的胸椎构成近似于卵形的胸廓，上小下大，呈下倾状。胸廓背部有肩胛骨，活动手臂时起重要作用。

上肢骨由肱骨、前臂的桡骨、尺骨、掌骨构成，可以进行肘和手指关节运动。锁骨和肩胛骨均在胸廓

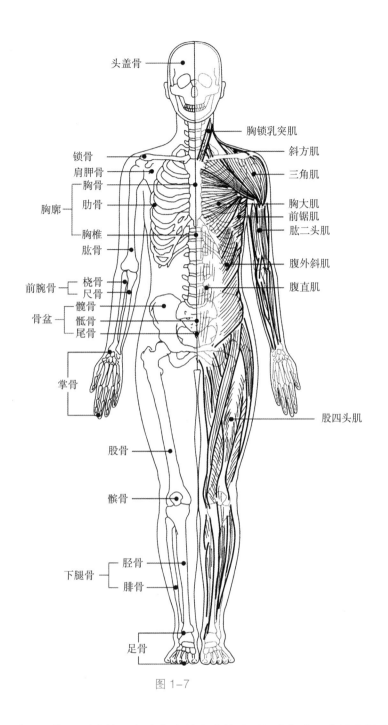

头盖骨

胸锁乳突肌
斜方肌
三角肌

锁骨
肩胛骨
胸骨
肋骨
胸廓
胸椎
肱骨

胸大肌
前锯肌
肱二头肌

腹外斜肌
腹直肌

桡骨
尺骨
前腕骨

髋骨
骶骨
尾骨
骨盆

掌骨

股四头肌

股骨

髌骨

胫骨
腓骨
下腿骨

足骨

图 1-7

上方，左右各一组，属上肢骨，其上覆盖的肌肉及皮肤是肩膀的重要组成部分。肩关节是连接躯干骨和上臂的部位，由于能进行大量的复杂运动，所以与服装的装袖结构有重要的关系。

下肢骨由骨盆和股骨、髌骨、胫骨、腓骨、足骨组成。骨盆与股骨的连接部位为髋关节，可以进行下肢运动。下肢骨中的膝关节和踝关节、趾关节可以运动。

2.1.2　肌肉

人体有许多肌肉，和服装结构有关的是运动关节的骨骼肌。肌肉由于受神经刺激，产生收缩而引起骨骼运动。一侧肌肉收缩，另一侧的肌肉伸展，形成屈伸运动，引起肌肉的形态发生变化，与服装的放松量有关。人体主要的肌肉包括颈部肌肉、胸部肌肉、背部肌肉、腹部肌肉、上肢肌肉、下肢肌肉。

2.1.3　皮肤

皮肤覆盖于人体最外侧，有感知外界状况、储存皮下脂肪的功能。人体皮下脂肪的厚度因年龄、性别、种族的差异而不同。一般来说，女性皮下脂肪比男性皮下脂肪厚，成人比小孩的皮下脂肪厚，并且人体各部位分布的脂肪数量也不一样，通常在乳房、臀部、腹部、大腿等部位脂肪分布较多，手掌、足底等部位分布较少。

　　以上因骨骼、肌肉、皮肤影响而形成的各种人体形态特征，是服装结构设计要考虑的重要因素。

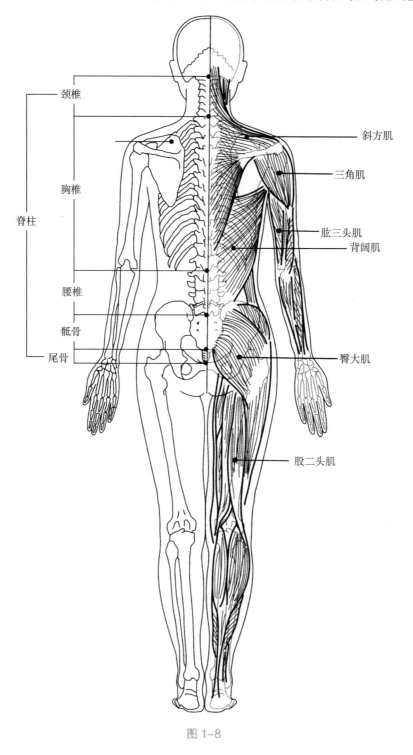

图 1-8

2.2 人体测量

2.2.1 人体测量点部位图和定义（图 1-9、表 1-1）

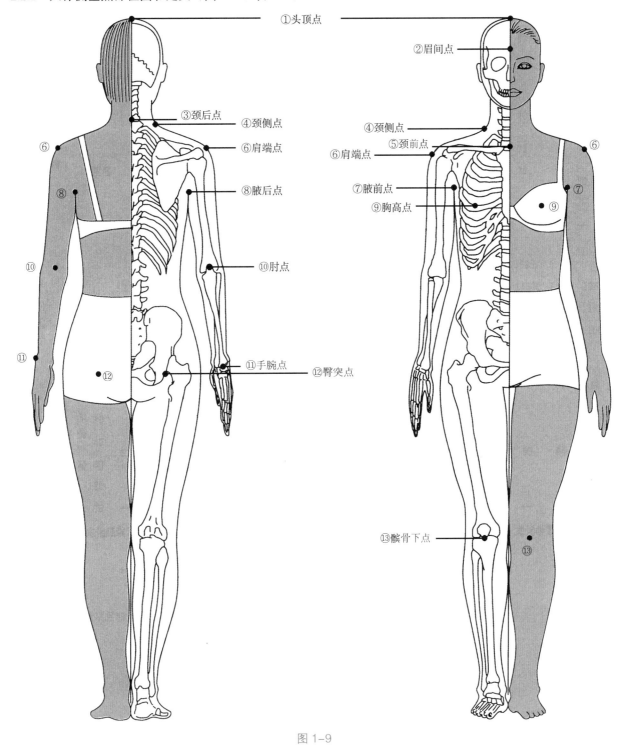

①头顶点
②眉间点
③颈后点
④颈侧点
④颈侧点
⑥肩端点
⑤颈前点
⑥肩端点
⑦腋前点
⑧腋后点
⑨胸高点
⑩肘点
⑩肘点
⑪手腕点
⑫臀突点
⑬髌骨下点

图 1-9

资料来源：文化服装学院.文化ファッション大系 改訂版・服飾造形講座①　服飾造形の基礎 [M].东京：文化学園文化出発局，2023:55.

表 1-1　测量定义

序号	测 量 点	定　　义
①	头顶点	头部保持水平时，头部中央最高点
②	眉间点	前正面二眉中心点
③	颈后点（BNP）	第七颈椎的尖突出处
④	颈侧点（SNP）	斜方肌的前缘和肩交点处
⑤	颈前点（FNP）	左右锁骨的上沿与前正中线的交点
⑥	肩端点（SP）	手臂和肩交点处，从侧面看上臂正中央位置
⑦	腋前点	手臂与躯干在腋前交接产生皱褶点（手臂自然下垂状态）
⑧	腋后点	手臂与躯干在腋后交接产生皱褶点（手臂自然下垂状态）
⑨	胸高点（BP）	乳房的最高点（戴胸罩时状态）
⑩	肘点	尺骨肘突的最突出的点
⑪	手腕点	尺骨下端处外侧突出点
⑫	臀突点	臀部最突出点
⑬	髌骨下点	膝盖骨的下边缘点

资料来源：文化服装学院．文化ファッション大系 改訂版・服飾造形講座① 服飾造形の基礎 [M].东京：文化学園文化出発局，2023:54.

2.2.2　人体测量项目和方法（表1-2）

表 1-2　测量项目和方法

序号		测量项目	测量方法
围度	①	胸围	沿 BP 点水平测量一周
	②	胸下围	乳房下沿水平测量一周
	③	腰围	以腰部最细处水平测量一周
	④	腹围	腰与臀之间中央水平测量一周
	⑤	臀围	在腹部贴上塑料平面板，然后水平通过臀部最高点测量一周
	⑥	臂根围	经肩端点和腋前、后点测量一周
	⑦	臂围	沿上臂最粗位置测量一周
	⑧	肘围	沿肘点最粗处测量一周
	⑨	手腕围	沿手腕点最粗处测量一周
	⑩	手掌围	沿手掌最宽大处测量一周
	⑪	头围	由眉间点通过脑后最突出处测量一周
	⑫	颈围	经颈前点、颈侧点、颈后点测量一周
	⑬	大腿围	沿臀底部大腿最粗处测量一周
	⑭	小腿围	沿小腿最粗处测量一周

序号		测量项目	测量方法
宽度	⑮	肩宽	经过颈后点测量两肩点间距离
	⑯	背宽	测量两腋后点之间距离
	⑰	胸宽	测量两腋前点之间距离
	⑱	乳间宽	测量两 BP 点之间距离
长度	⑲	身高	从头顶点垂直量到脚后跟
	⑳	总长	从颈后点垂直量到地面
	㉑	背长	从颈后点垂直量到腰围线
	㉒	后长	从颈侧点经肩胛骨量到腰围线
	㉓	乳高	从颈侧点量到 BP 点
	㉔	前长	从颈侧点经 BP 点量到腰围线
	㉕	臂长	从肩端点量到手腕点
	㉖	腰高	从腰围线处垂直量到地面
	㉗	臀高	从臀高点垂直量到地面
	㉘	腰长	腰高减去臀高
	㉙	上裆长	腰高减去下裆长
	㉚	下裆长	从大腿根部量到地面
	㉛	膝长	从正面腰围线处量到髌骨下端
其他	㉜	上裆前后长	从前腰起穿过裆部量到后腰
	㉝	体重	穿上测量用内衣后称身体的重量

资料来源：文化服装学院 . 文化ファッション大系 改訂版・服飾造形講座① 服飾造形の基礎 [M]. 东京：文化学園文化出発局，2023:56.

（1）测量注意事项：

①测量时的姿势：头部保持水平，背部自然伸展，不抬肩，双臂自然下垂，手心向内，双脚脚后跟靠紧，脚尖自然分开。整体姿态自然，呼吸正常。

②测量时的着装：测量时被测者要尽量穿着轻薄的衣物（T 恤衫、文胸、紧身衣）。

（2）测量提示：

①量体前要注意观察好被测者的体型特征，有特殊部位要注明，以备制图时参考。

②对体胖者的测量尺寸不要过肥或过瘦。

③测量横向围度时，应注意皮尺不要拉得过松或过紧，要保持水平。

④颈后点是测量时较难找准的点，找其的正确方法是：头部前倾，颈椎部突出点即为颈椎点。找到后，待头部恢复正常状态，再进行测量。

⑤背长的尺寸测量：从颈后点沿后背正中线量到腰线，因人体肩胛骨突出，测量长度加 0.7 ~ 1cm 为宜。

2.3 人体部位与服装结构图
2.3.1 人体部位与服装结构名称对应图（图1-10～图1-12）

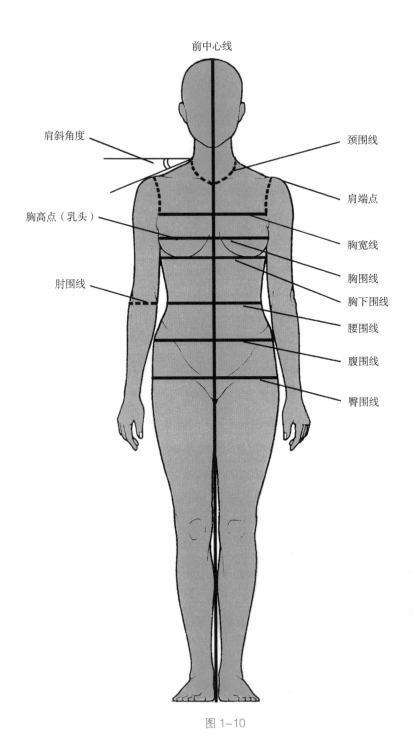

前中心线

肩斜角度

颈围线

肩端点

胸高点（乳头）

胸宽线

胸围线

胸下围线

肘围线

腰围线

腹围线

臀围线

图1-10

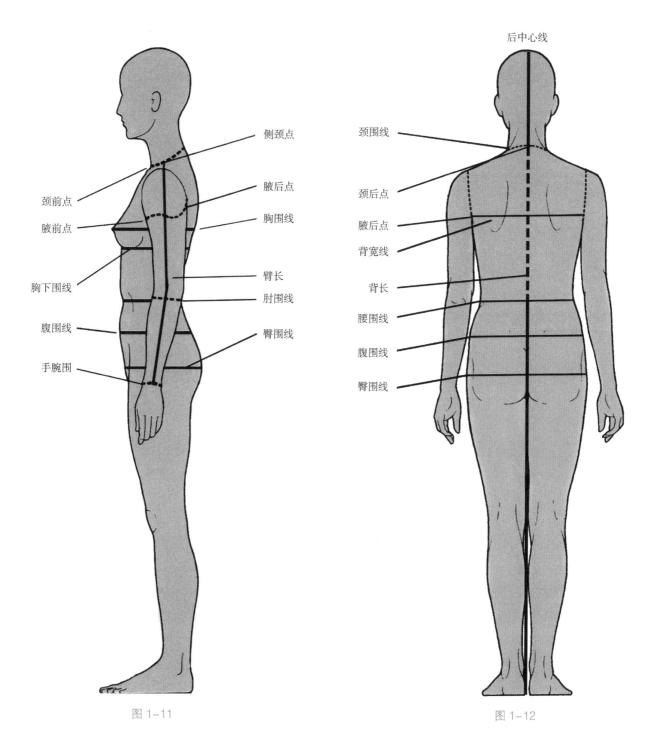

图 1-11

侧颈点

腋后点

胸围线

臂长

肘围线

臀围线

颈前点

腋前点

胸下围线

腹围线

手腕围

后中心线

颈围线

颈后点

腋后点

背宽线

背长

腰围线

腹围线

臀围线

图 1-12

2.3.2　人体部位与服装结构部位对应图（图1-13、图1-14）

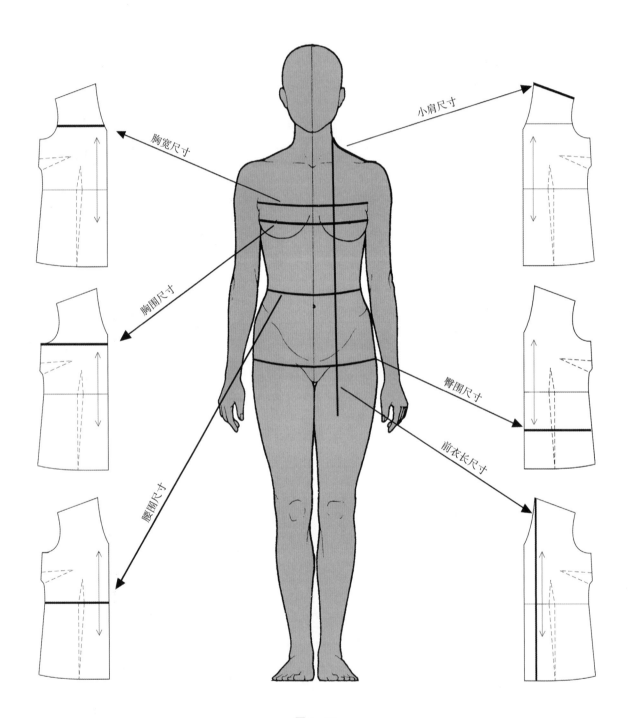

图 1-13

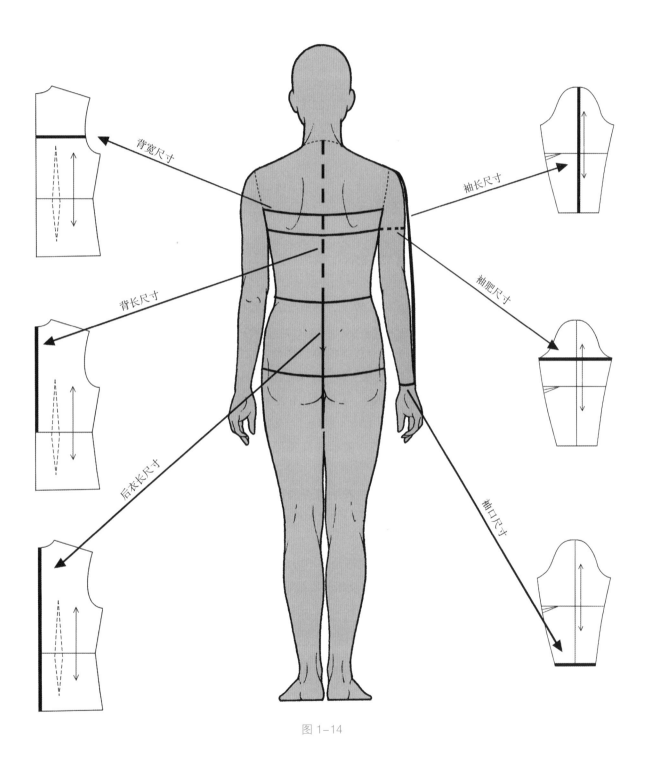

背宽尺寸

袖长尺寸

背长尺寸

袖肥尺寸

后衣长尺寸

袖口尺寸

图 1-14

2.4 服装号型

服装号型是服装成品规格的长短与肥瘦的标志，是根据正常人体体型规律和使用需要选用的最有代表性的部位尺寸（身高、胸围、腰围），经过合理归并设置的。

号：指人体的身高，以厘米为单位表示，是设计和选购服装长短的依据。

型：指人体的净体胸围或净体腰围，以厘米为单位表示，是设计和选购服装肥瘦的依据。

上装的"型"表示净胸围的厘米数。

下装的"型"表示净腰围的厘米数。

2.4.1 服装号型标注与应用

服装产品出厂时必须标明成品的号型规格，并可加注人体体型分类代号（表1-3）。

表 1-3　我国成年女子体型分类　　　　　　　　　　单位：cm

女子体型分类	体型分类代号	Y	A	B	C
	胸围与腰围差	24~19	18~14	13~9	8~4

例1：女上装号型　160/84A

表示适合身高158~162cm，净胸围82~85cm，胸围与腰围差在18~14cm的A体型者穿着。

例2：女下装号型　160/68A

表示适合身高158~162cm，净腰围67~69cm，胸围与腰围差在18~14cm的A体型者穿着。

2.4.2 服装号型系列

服装号型系列是把人体的号和型进行有规律的分档排列。我国GB/T 1335—2008《服装号型》标准中，成人服装号型系列按照成人体型被分为Y、A、B、C四类，每类又包括5·4系列、5·2系列。身高以5cm分档，上装中胸围以4cm分档，组成5·4系列。下装中身高以5cm分档，腰围以4cm、2cm分档，组成5·4系列、5·2系列。通常上装多采用5·4系列，下装多采用5·4系列、5·2系列。

例1：女上装类5·4系列的号型规格，表示身高每隔5cm、胸围每隔4cm分档组成的系列，如155/80、160/84、165/88……

例2：女下装类5·4系列的号型规格，表示身高每隔5cm、腰围每隔4cm分档组成的系列，如155/64、160/68、165/72……

2.4.3 女装参考尺寸表

在服装结构设计中，标准的参考尺寸和规格是必不可少的重要内容，它既是样板师制板的尺寸依据，同时又决定着服装工业化生产后期推板的放缩及相关质量管理的准确性和科学性。了解和运用标准的参考尺寸和规格表具有实际意义（表1-4~表1-7）。

表 1-4　5·4、5·2 Y号型系列　　　　　　　　　单位：cm

胸围	Y															
	身高															
	145		150		155		160		165		170		175		180	
	腰围															
72	50	52	50	52	50	52	50	52								
76	54	56	54	56	54	56	54	56	54	56						
80	58	60	58	60	58	60	58	60	58	60	58	60				

续表

胸围	身高															
	145		150		155		160		165		170		175		180	
	腰围															
84	62	64	62	64	62	64	62	64	62	64	62	64	62	64		
88	66	68	66	68	66	68	66	68	66	68	66	68	66	68	66	68
92			70	72	70	72	70	72	70	72	70	72	70	72	70	72
96					74	76	74	76	74	76	74	76	74	76	74	76
100							78	80	78	80	78	80	78	80	78	80

表1-5　5·4、5·2A号型系列　　　　　　　　　　　　　　　　单位：cm

胸围	A																							
	身高																							
	145			150			155			160			165			170			175			180		
	腰围																							
72				54	56	58	54	56	58	54	56	58												
76	58	60	62	58	60	62	58	60	62	58	60	62	58	60	62									
80	62	64	66	62	64	66	62	64	66	62	64	66	62	64	66	62	64	66						
84	66	68	70	66	68	70	66	68	70	66	68	70	66	68	70	66	68	70	66	68	70			
88	70	72	74	70	72	74	70	72	74	70	72	74	70	72	74	70	72	74	70	72	74	70	72	74
92				74	76	78	74	76	78	74	76	78	74	76	78	74	76	78	74	76	78	74	76	78
96				78	80	82	78	80	82	78	80	82	78	80	82	78	80	82	78	80	82	78	80	82
100										82	84	86	82	84	86	82	84	86	82	84	86	82	84	86

表1-6　5·4、5·2B号型系列　　　　　　　　　　　　　　　　单位：cm

胸围	B															
	身高															
	145		150		155		160		165		170		175		180	
	腰围															
68			56	58	56	58	56	58								
72	60	62	60	62	60	62	60	62	60	62						
76	64	66	64	66	64	66	64	66	64	66						
80	68	70	68	70	68	70	68	70	68	70	68	70				
84	72	74	72	74	72	74	72	74	72	74	72	74	72	74		
88	76	78	76	78	76	78	76	78	76	78	76	78	76	78	76	78
92	80	82	80	82	80	82	80	82	80	82	80	82	80	82	80	82
96			84	86	84	86	84	86	84	86	84	86	84	86	84	86
100					88	90	88	90	88	90	88	90	88	90	88	90
104							92	94	92	94	92	94	92	94	92	94
108									96	98	96	98	96	98	96	98

表 1-7　5·4、5·2 C 号型系列　　　　　　　　　　　单位：cm

胸围	145		150		155		160		165		170		175		180	
	腰围															
68	60	62	60	62	60	62										
72	64	66	64	66	64	66	64	66								
76	68	70	68	70	68	70	68	70								
80	72	74	72	74	72	74	72	74	72	74						
84	76	78	76	78	76	78	76	78	76	78	76	78				
88	80	82	80	82	80	82	80	82	80	82	80	82				
92	84	86	84	86	84	86	84	86	84	86	84	86	84	86		
96			88	90	88	90	88	90	88	90	88	90	88	90	88	90
100			92	94	92	94	92	94	92	94	92	94	92	94	92	94
104					96	98	96	98	96	98	96	98	96	98	96	98
108							100	102	100	102	100	102	100	102	100	102
112									104	106	104	106	104	106	104	106

表 1-8 为女装号型各系列分档数值，是配合以上 4 个号型系列的样板推档参数。其中，中间体是指在人体的大量实测数据中所占比例最大的体型，而不是简单的平均值，所以不一定处在号型系列表的中间位置。由于地区的差异性，在制定号型系列表时可根据当地的具体情况和目标群体的体型特征选定中间体。另外，表中的“采用数”是指推荐使用的数据。

表 1-8　女装号型各系列分档数值　　　　　　　　　　　单位：cm

体型	Y							
部位	中间体		5·4 系列		5·2 系列		身高①、胸围②、腰围③ 每增减 1cm	
	计算数	采用数	计算数	采用数	计算数	采用数	计算数	采用数
身高	160	160	5	5	5	5	1	1
颈椎点高	136.2	136.0	4.46	4.00			0.89	0.80
坐姿颈椎点高	62.6	62.5	1.66	2.00			0.33	0.40
全臂长	50.4	50.5	1.66	1.50			0.33	0.30
腰围高	98.2	98.0	3.34	3.00	3.34	3.00	0.67	0.60
胸围	84	84	4	4			1	1
颈围	33.4	33.4	0.73	0.80			0.18	0.20
总肩宽	39.9	40.0	0.70	1.00			0.18	0.25
腰围	63.6	64.0	4	4	2	2	1	1
臀围	89.2	90.0	3.12	3.60	1.56	1.80	0.78	0.90

续表

体型	A							
部位	中间体		5·4系列		5·2系列		身高①、胸围②、腰围③ 每增减1cm	
	计算数	采用数	计算数	采用数	计算数	采用数	计算数	采用数
身高	160	160	5	5	5	5	1	1
颈椎点高	136.0	136.0	4.53	4.00			0.91	0.80
坐姿颈椎点高	62.6	62.5	1.65	2.00			0.33	0.40
全臂长	50.4	50.5	1.70	1.50			0.34	0.30
腰围高	98.1	98.0	3.37	3.00	3.37	3.00	0.68	0.60
胸围	84	84	4	4			1	1
颈围	33.7	33.6	0.78	0.80			0.20	0.20
总肩宽	39.9	39.4	0.64	1.00			0.16	0.25
腰围	68.2	68	4	4	2	2	1	1
臀围	90.9	90.0	3.18	3.60	1.59	1.80	0.80	0.90

体型	B							
部位	中间体		5·4系列		5·2系列		身高①、胸围②、腰围③ 每增减1cm	
	计算数	采用数	计算数	采用数	计算数	采用数	计算数	采用数
身高	160	160	5	5	5	5	1	1
颈椎点高	136.3	136.5	4.57	4.00			0.92	0.80
坐姿颈椎点高	63.2	63.0	1.81	2.00			0.36	0.40
全臂长	50.5	50.5	1.68	1.50			0.34	0.30
腰围高	98.0	98.0	3.34	3.00	3.30	3.00	0.67	0.60
胸围	88	88	4	4			1	1
颈围	34.7	34.6	0.81	0.80			0.20	0.20
总肩宽	40.3	39.8	0.69	1.00			0.17	0.25
腰围	76.6	78.0	4	4	2	2	1	1
臀围	94.8	96.0	3.27	3.20	1.64	1.60	0.82	0.80

体型	C							
部位	中间体		5·4系列		5·2系列		身高①、胸围②、腰围③ 每增减1cm	
	计算数	采用数	计算数	采用数	计算数	采用数	计算数	采用数
身高	160	160	5	5	5	5	1	1
颈椎点高	136.5	136.5	4.48	4.00			0.90	0.80
坐姿颈椎点高	62.7	62.5	1.80	2.00			0.35	0.40
全臂长	50.5	50.5	1.60	1.50			0.32	0.30

体型	C							
部位	中间体		5·4 系列		5·2 系列		身高①、胸围②、腰围③ 每增减 1cm	
	计算数	采用数	计算数	采用数	计算数	采用数	计算数	采用数
腰围高	98.2	98.0	3.27	3.00	3.27	3.00	0.65	0.60
胸围	88	88	4	4			1	1
颈围	34.9	34.8	0.75	0.80			0.19	0.20
总肩宽	40.5	39.2	0.69	1.00			0.17	0.25
腰围	81.9	82	4	4	2	2	1	1
臀围	96.0	96.0	3.33	3.20	1.67	1.60	0.83	0.80

注：①身高所对应的高度部位是颈椎点高、坐姿颈椎点高、全臂长、腰围高。
②胸围所对应的围度部位是颈围、总肩宽。
③腰围所对应的围度部位是臀围。

表1-9～表1-12是配合4个女装号型系列的服装号型各系列控制部位数值表。随着身高、胸围、腰围分档数值的递增或递减，人体其他主要部位的尺寸也会相应有规律地变化，这些人体主要部位就称作控制部位。控制部位数值是指净体数值，相当于量体的参考尺寸，是设计服装规格的依据。

表 1-9 5·4、5·2 Y 号型系列控制部位数值　　　　　　　　　　单位：cm

Y															
部位	数值														
身高	145		150		155		160		165		170		175		180
颈椎点高	124.0		128.0		132.0		136.0		140.0		144.0		148.0		152.0
坐姿颈椎点高	56.5		58.5		60.5		62.5		64.5		66.5		68.5		70.5
全臂长	46.0		47.5		49.0		50.5		52.0		53.5		55.0		56.5
腰围高	89.0		92.0		95.0		98.0		101.0		104.0		107.0		110.0
胸围	72		76		80		84		88		92		96		100
颈围	31.0		31.8		32.6		33.4		34.2		35.0		35.8		36.6
总肩宽	37.0		38.0		39.0		40.0		41.0		42.0		43.0		44.0
腰围	50	52	54	56	58	60	62	64	66	68	70	72	74	76	78	80
臀围	77.4	79.2	81.0	82.8	84.6	86.4	88.2	90.0	91.8	93.6	95.4	97.2	99.0	100.8	102.6	104.4

表 1-10 5·4、5·2 A 号型系列控制部位数值　　　　　　　　　　单位：cm

A							
部位	数值						
身高	145	150	155	160	165	170	175	180
颈椎点高	124.0	128.0	132.0	136.0	140.0	144.0	148.0	152.0
坐姿颈椎点高	56.6	58.5	60.5	62.5	64.5	66.5	68.5	70.5

A																							
部位	数值																						
全臂长	46.0			47.5			49.0			50.5			52.0			53.5			55.0			56.5		
腰围高	89.0			92.0			95.0			98.0			101.0			104.0			107.0			110.0		
胸围	72			76			80			84			88			92			96			100		
颈围	31.2			32.0			32.8			33.6			34.4			35.2			36.0			36.8		
总肩宽	36.4			37.4			38.4			39.4			40.4			41.4			42.4			43.4		
腰围	54	56	58	58	60	62	62	64	66	66	68	70	70	72	74	74	76	78	78	80	82	82	84	86
臀围	77.4	79.2	81.0	81.0	82.8	84.6	84.6	86.4	88.2	88.2	90.0	91.8	91.8	93.6	95.4	95.4	97.2	99.0	99.0	100.8	102.6	102.6	104.4	106.2

表 1-11　5·4、5·2 B 号型系列控制部位数值　　　　　　　单位：cm

B																						
部位	数值																					
身高	145		150		155		160		165		170		175		180								
颈椎点高	124.5		128.5		132.5		136.5		140.5		144.5		148.5		152.5								
坐姿颈椎点高	57.0		59.0		61.0		63.0		65.0		67.0		69.0		71								
全臂长	46.0		47.5		49.0		50.5		52.0		53.5		55.0		56.5								
腰围高	89.0		92.0		95.0		98.0		101.0		104.0		107.0		110.0								
胸围	68		72		76		80		84		88		92		96		100		104		108		
颈围	30.6		31.4		32.2		33.0		33.8		34.6		35.4		36.2		37.0		37.8		38.6		
总肩宽	34.8		35.8		36.8		37.8		38.8		39.8		40.8		41.8		42.8		43.8		44.8		
腰围	56	58	60	62	64	66	68	70	72	74	76	78	80	82	84	86	88	90	92	94	96	98
臀围	78.4	80.0	81.6	83.2	84.8	86.4	88.0	89.6	91.2	92.8	94.4	96.0	97.6	99.2	100.8	102.4	104.0	105.6	107.2	108.8	110.4	112.0

表 1-12　5·4、5·2 C 号型系列控制部位数值　　　　　　　单位：cm

C																								
部位	数值																							
身高	145		150		155		160		165		170		175		180									
颈椎点高	124.5		128.5		132.5		136.5		140.5		144.5		148.5		152.5									
坐姿颈椎点高	56.6		58.5		60.5		62.5		64.5		66.5		68.5		70.5									
全臂长	46.0		47.5		49.0		50.5		52.0		53.5		55.0		56.5									
腰围高	89.0		92.0		95.0		98.0		101.0		104.0		107.0		110.0									
胸围	68		72		76		80		84		88		92		96		100		104		108		112		
颈围	30.8		31.6		32.4		33.2		34.8		34.8		35.6		36.4		37.2		38.0		38.8		39.6		
总肩宽	34.2		35.2		36.2		37.2		38.2		39.2		40.2		41.2		42.2		43.2		44.2		45.2		
腰围	60	62	64	66	68	70	72	74	76	78	80	82	84	86	88	90	92	94	96	98	100	102	104	106
臀围	78.4	80.0	81.6	83.2	84.8	86.4	88.0	89.6	91.2	92.8	94.4	96.0	97.6	99.2	100.8	102.4	104.0	105.6	107.2	108.8	110.4	112.0	113.6	115.2

我国成年女子与日本成年女子的人体体型相近，参考日本的工业规格和一些常用尺寸表是很有必要的。在此以 1992~1994 年（日本）全国性的测量结果为基础的日本工业规格（Japanese Industrial Standard，JIS）尺寸表作介绍（表 1–13~ 表1–15）。

另外，此处介绍关于服装制作必需的身体各部位的尺寸，主要为日本文化服装学院的测量项目以及以 1998 年测量结果为基础的参考尺寸（表 1–16）。日本工业规格的测量是净体测量，文化服装学院的测量是以制作外衣为目的的人体测量，是在被测者穿胸罩、短裤、紧身衣的状态下进行测量的。由于被测者穿着胸罩，测出的胸围尺寸比新 JIS 尺寸要大。

日本工业规格尺寸表内的种类如下：①体型区分表示；②单数表示；③范围。

表 1–13　体型类型表示

体型	范　围
A 体型	将日本成年女子的身高分成 142cm、150cm、158cm 及 166cm，并将尺寸按 74~92 cm 间隔 3cm、92~104cm 间隔 4cm 来区别，将各类身高和尺寸组合起来，把出现率最高的臀围尺寸选出来
Y 体型	比 A 型体型臀部小 4cm
AB 体型	比 A 体型臀部大 4cm，但胸围是 124cm
B 体型	比 A 体型臀部大 8cm

资料来源：文化服装学院 . 文化ファッション大系 改訂版・服飾造形講座① 服飾造形の基礎 [M]. 东京：文化学園文化出発局，2023:68.

表 1–14　尺寸的种类及名称

R	身高 158cm 的代号，是普通的意思，Regular 的第一个字母
P	身高 150cm 的代号，是小的意思，Petite 的第一个字母
PP	身高 142cm 的代号，意思比 P 小，所以用两个 P 表示
T	身高 166cm 的代号，是高的意思，Tall 的第一个字母

资料来源：文化服装学院 . 文化ファッション大系 改訂版・服飾造形講座① 服飾造形の基礎 [M]. 东京：文化学園文化出発局，2023:68.

表 1–15　成年女子用料的尺寸（JIS　L4005–1997）　　　　　　单位：cm

把相应的各种尺寸、腰围的各年龄段的平均值作为定性参考数据，年龄分段为："10" 表示 16~19 岁、"20" 表示 20~29 岁、"30" 表示 30~39 岁、"40" 表示 40~49 岁、"50" 表示 50~59 岁、"60" 表示 60~69 岁，以及 "70" 表示 70~79 岁（见表格左侧）。

		A 体型：身高 142cm								A 体型：身高 150cm								
代号		5APP	7APP	9APP	11APP	13APP	15APP	17APP	19APP	3AP	5AP	7AP	9AP	11AP	13AP	15AP	17AP	19AP	21AP
人体基本尺寸	胸围	77	80	83	86	89	92	96	100	74	77	80	83	86	89	92	96	100	104
	臀围	85	87	89	91	93	95	97	99	83	85	87	89	91	93	95	97	99	101
	身高	142								150									

续表

A 体型：身高 142cm ／ A 体型：身高 150cm

代号			5APP	7APP	9APP	11APP	13APP	15APP	17APP	19APP	3AP	5AP	7AP	9AP	11AP	13AP	15AP	17AP	19AP	21AP
人体参考尺寸	腰围	年龄阶段 10		—	—				—					64	67	70	73	76		
		20	61							—	58	61	64						80	84
		30		64	67	70	73	76												
		40							80					67	70	73	76	80		
		50	64	67	70						61	64	67						84	88
		60				73	76	80	84							70	73			
		70	67	70	73	76	80			88	64	67	70	73	76	76	80	84	88	92

A 体型：身高 158cm ／ A 体型：身高 166cm

代号			3AR	5AR	7AR	9AR	11AR	13AR	15AR	17AR	19AR	3AT	5AT	7AT	9AT	11AT	13AT	15AT	17AT	19AT
人体基本尺寸	胸围		74	77	80	83	86	89	92	96	100	74	77	80	83	86	89	92	96	100
	臀围		85	87	89	91	93	95	97	99	101	87	89	91	93	95	97	99	101	103
	身高		158									166								
人体参考尺寸	腰围	年龄阶段 10	58		61	64	67	70	73	76	80	61	61		64	67	70	73	76	
		20		61										64						80
		30	61	61	64								64			67	70	73		
		40				67	70	73	76	80	84								76	80
		50	64	64	67							—	—			73			—	—
		60	—	—		67	70	73			88			70		70				
		70			76	—	—	76	80	84	—			—		—				

Y 体型：身高 142cm ／ Y 体型：身高 150cm

代号			9YPP	11YPP	13YPP	15YPP	5YP	7YP	9YP	11YP	13YP	15YP	17YP
人体基本尺寸	胸围		83	86	89	92	77	80	83	86	89	92	96
	臀围		85	87	89	91	81	83	85	87	89	91	93
	身高		142				150						
人体参考尺寸	腰围	年龄阶段 10		—			61		64	67	70	73	73
		20			70	—							76
		30	67	67			61						
		40				73		64	67	70	73	76	80
		50	67		73	76							
		60					64	67	70	73	76	80	84
		70	70	73	76	80							

续表

			Y体型：身高158cm									Y体型：身高166cm					
代号			3YR	5YR	7YR	9YR	11YR	13YR	15YR	17YR	19YR	5YT	7YT	9YT	11YT	13YT	15YT
人体基本尺寸	胸围		74	77	80	83	86	89	92	96	100	77	80	83	86	89	92
	臀围		81	83	85	87	89	91	93	95	97	85	87	89	91	93	95
	身高		158									166					
人体参考尺寸	腰围 年龄阶段	10	58	61	61	64	64	67	70	73	76	58	61	61	64	67	70
		20															
		30					67	70	73	76	80			64			
		40	61		64	67						61	64		67	70	73
		50		64			70	73	76	80	84						
		60	—	—	—	70								67	70		
		70					73	—	—	—	—	—	—			—	—

			AB体型：身高142cm						AB体型：身高150cm									
代号			7ABPP	9ABPP	11ABPP	13ABPP	15ABPP	17ABPP	3ABP	5ABP	7ABP	9ABP	11ABP	13ABP	15ABP	17ABP	19ABP	21ABP
人体基本尺寸	胸围		80	83	86	89	92	96	74	77	80	83	86	89	92	96	100	104
	臀围		91	93	95	97	99	101	87	89	91	93	95	97	99	101	103	105
	身高		142						150									
人体参考尺寸	腰围 年龄阶段	10	—	—	—	—	—	—	58	61	64	64						—
		20				73		80					67	70	73	76	80	—
		30				—	—		61	64								
		40		70	73	76		84			67		70	73	76			
		50	67															
		60	70						64	67					80	84	88	92
		70		73	76	80	84	88			70	73	76	80				

			AB体型：身高158cm														
代号			3ABR	5ABR	7ABR	9ABR	11ABR	13ABR	15ABR	17ABR	19ABR	21ABR	23ABR	25ABR	27ABR	29ABR	31ABR
人体基本尺寸	胸围		74	77	80	83	86	89	92	96	100	104	108	112	116	120	124
	臀围		89	91	93	95	97	99	101	103	105	107	109	111	113	115	117
	身高		158														
人体参考尺寸	腰围 年龄阶段	10	61	61	64	67		70	73	76	80						
		20															
		30						73	76	80	84	—					
		40	64	64	67								—	—	—	—	—
		50				70	73	76	80	84	88						
		60	67	67	70							92					
		70				—	—	73	76	80	—	88	—				

续表

AB 体型：身高 166cm							
代　号		5ABT	7ABT	9ABT	11ABT	13ABT	15ABT
人体基本尺寸	胸　围	77	80	83	86	89	92
	臀　围	93	95	97	99	101	103
	身　高	166					

人体参考尺寸　腰围　年龄阶段：

年龄阶段	5ABT	7ABT	9ABT	11ABT	13ABT	15ABT
10	61	64	67	70	70	73
20	61	64	67	70	70	73
30	64	64	67	70	73	76
40	64	67	70	73	76	80
50	64	67	70	73	76	80
60	—	67	70	73	—	—
70	—	—	73	76	—	—

B 体型：身高 150cm								B 体型：身高 158m						
代　号	5BP	7BP	9BP	11BP	13BP	15BP	17BP	19BP	7BR	9BR	11BR	13BR	15BR	17BR	19BR
人体基本尺寸　胸围	77	80	83	86	89	92	96	100	80	83	86	89	92	96	100
臀围	93	95	97	99	101	103	105	107	97	99	101	103	105	107	109
身高	150								158						

人体参考尺寸　腰围　年龄阶段：

年龄阶段	5BP	7BP	9BP	11BP	13BP	15BP	17BP	19BP	7BR	9BR	11BR	13BR	15BR	17BR	19BR
10	64	64	67	70	73	76	—	—	64	67	70	73	76	80	84
20	64	64	67	70	73	76	80	—	64	67	70	73	76	80	84
30	64	67	70	73	76	80	84	84	67	70	73	76	80	84	88
40	67	67	70	73	76	80	84	88	67	70	73	76	80	84	88
50	67	70	73	76	76	80	84	88	70	73	73	76	80	84	92
60	67	70	73	76	80	80	88	88	70	73	—	—	—	—	92
70	—	73	76	80	80	88	88	—	73	—	—	—	—	88	92

资料来源：文化服装学院 . 文化ファッション大系 改訂版・服飾造形講座① 服飾造形の基礎 [M]. 东京：文化学園文化出発局，2023:69-70.

表 1-16　文化服装学院女学生参考尺寸表

服装制作测量项目和标准值（文化服装学院 1998 年）　　　　　　　　　　　　　　　　单位：cm

测量项目		标准值
围度尺寸	胸围	84.0
	胸下围	70.0
	腰围	64.5
	腹围	82.5
	臀围	91.0
	臂根围	36.0
	上臂围	26.0
	肘围	22.0
	手腕围	15.0
	手掌围	21.0

测量项目		标准值
围度尺寸	头围	56.0
	颈围	37.5
	大腿围	54.0
	小腿围	34.5
宽度尺寸	背肩宽	40.5
	背宽	33.5
	胸宽	32.5
	双乳间宽（距）	16.0
长度尺寸	身长	158.5
	总长	134.0
	背长	38.0
	后长	40.5
	前长	42.0
	乳高	25.0
	臂长	52.0
	腰高	97.0
	腰长	18.0
	上裆长	25.0
	下裆长	72.0
	膝长	57.0
其他	上裆前后长	68.0
	体重	51.0

资料来源：文化服装学院 . 文化ファッション大系 改訂版・服飾造形講座① 服飾造形の基礎 [M]. 东京：文化学園文化出発局，2023:71.

3　服装结构制图常识

3.1　服装结构制图规则

在服装行业里，服装结构制图是传达设计意图、沟通设计与生产细节的技术文件，有着统一的规范要求。通常有如下规则：

（1）服装结构制图采用厘米（cm）为单位，细部规格精确到0.1cm。

（2）结构制图通常为净缝制图，制作样板时再按面料种类、工艺要求及需要加放缝份。

（3）结构制图顺序一般是：先绘制衣身，后绘制部件；先绘制大衣片，后绘制小衣片。对于具体的衣片来说，先绘制基础线，后绘制轮廓线和内部结构线。绘制基础线时一般是先横后纵，即先定长度后定宽度，由上而下，由左至右进行。

（4）结构制图的线条和符号有统一标准，以确保制图的规范性。

3.2 服装结构制图工具

3.2.1 服装结构常用制图工具

正确的使用制图工具可使结构制图更方便、更准确。

（1）皮尺：测量身体各部位尺寸，还可以灵活地测量曲线的长度。

（2）比例尺：可按其刻度比例放缩进行结构制图。

（3）方格直尺：绘制直线、平行线和测量长度、加放缝份时使用。

（4）直角三角尺：绘制 90°、45° 角时使用。

（5）曲线尺：绘制袖窿、袖山、领窝等部位的曲线时使用。

（6）弯尺：绘制侧缝、腰线等部位的曲线时使用。

（7）制图铅笔：铅芯有 0.3mm、0.5mm、0.7mm、0.9mm，型号有 HB 型和 B 型等。可根据各种制图需要选用铅笔。

（8）制图纸：用于描图或展开纸样的半透明纸；牛皮纸：作为样板定稿后保存的较厚、硬的卡纸。

（9）裁剪用复写纸：双面或者单面有颜色的复写纸，将其插入纸或布层间用滚齿轮做记号。

（10）粘带：用于纸样拼合，无伸缩性，粘带上可以画线。

（11）剪口器：在样板边缘打上小方形孔标记对位记号点。

（12）滚齿轮：移取纸样时，常用它在纸或布面上做印记，齿轮的齿形状有尖锐的、钝性的、直线的。

（13）锥子：刺穿样板在面料上做记号的工具。

（14）大剪刀：裁纸用的剪刀和裁剪面料用的剪刀要分开准备。

（15）小纱剪：用于在面料上打剪口或剪线头。

（16）划粉：在面料上划线的工具。

（17）大头针：用于暂时固定样板纸或面料，样衣修正时也会用到。

（18）人台：样衣的立体检验和修正时使用。

3.2.2 几种常用工具尺使用示意图

了解常用工具尺的使用方法，并在具体实践中注意灵活应用，才能画出准确的结构线。

（1）直角三角尺的使用示意图（图 1–15）。

（2）曲线尺的使用示意图（图 1–16）。

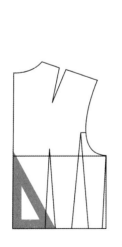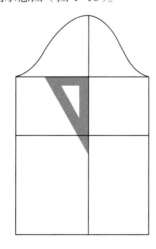

图 1–15   图 1–16

（3）弯尺的使用示意图（图1-17）。

（4）方格直尺的使用示意图（图1-18）。

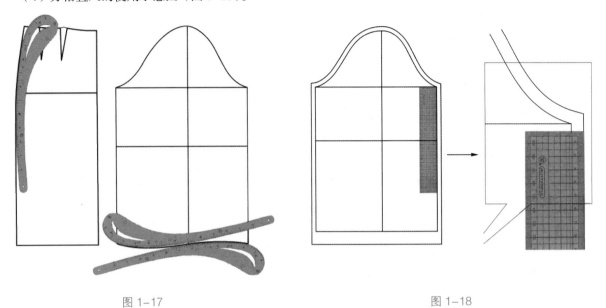

图 1-17　　　　　　　　　　　　　　　　　　图 1-18

3.3　服装结构制图符号

服装结构制图符号是服装结构设计的基本语言，是表达样板内容与要求的基本手段。表1-17中列出了服装结构制图中常用的制图符号及其使用说明。

表 1-17　服装结构制图常用符号表

表示事项	表示符号	说明	表示事项	表示符号	说明
引导线（基础线）	———— -------	为引出目的线所设计的向导线，用细实线或者虚线显示	交叉线的区别		表示左右线交叉的符号
等分线		表示按一定长度分成等分，用实线或者虚线都可	布纹方向线		箭头表示布纹的经向
完成线（净缝线）		纸样完成的轮廓线用粗实线或粗虚线来表示	斜向		表示布纹的斜势方向
贴边线挂面线		表示装贴边的位置和大小尺寸	绒毛的朝向	顺毛　倒毛	在有绒毛方向或有光泽的布上表示绒毛的方向
对折裁线		表示对折裁的位置	拉伸		表示拉伸位置
翻折线		表示折边的位置或折进的位置	缩缝		表示缩缝位置
缉线		表示缉线位置，也可表示缉线的始和终端	归拢		表示归拢位置

续表

表示事项	表示符号	说 明	表示事项	表示符号	说 明
胸高点（BP）	✕	表示胸高点（BP）	折叠、切展		表示折叠（闭合）及切展（打开）
直角		表示直角	拼合		表示裁布时样板拼合裁剪的符号
对合符号		两片衣片合缝时为防止错位而做的符号，也称剪口、眼刀	活褶		往下端方向拉引一根斜线表示高的一面倒压在低的一面上
对褶		朝褶的下端方向引两根斜线，高的一面倒压在低的一面上	纽扣	⊕	表示纽扣位置
单褶			扣眼	⊢——⊣	表示纽扣扣眼位置

资料来源：文化服装学院. 文化ファッション大系 改訂版・服飾造形講座① 服飾造形の基礎 [M]. 东京：文化学園文化出発局，2023：80，81.

3.4 服装结构制图常用代号（表1-18）

表 1-18 服装结构制图常用英文字母缩写代号

序号	部位名称	英文名称	代号
1	胸围	Bust	B
2	胸下围	Under Bust	UB
3	腰围	Waist	W
4	腹臀围	Meddle Hip	MH
5	臀围	Hip	H
6	胸围线	Bust Line	BL
7	腰围线	Waist Line	WL
8	腹臀围线	Meddle Hip Line	MHL
9	臀围线	Hip Line	HL
10	袖肘线	Elbow Line	EL
11	膝围线	Knee Line	KL
12	胸高点	Bust Point	BP

续表

序号	部位名称	英文名称	代号
13	颈侧点	Side Neck Point	SNP
14	颈前点	Front Neck Point	FNP
15	颈后点	Back Neck Point	BNP
16	肩端点	Shoulder Point	SP
17	袖窿	Arm Hole	AH
18	头围	Head Size	HS
19	前中心	Center Front Line	CF
20	后中心	Center Back Line	CB

资料来源：文化服装学院. 文化ファッション大系 改訂版·服飾造形講座① 服飾造形の基礎 [M]. 东京：文化学園文化出発局，2023：75.

基础模块

模块 2　衣原型结构设计变化

1　衣原型结构设计

1.1　人体结构与原型省道对应图（图 2-1）

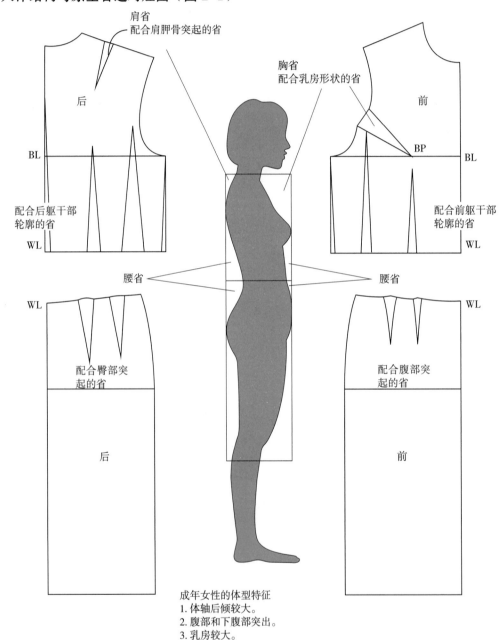

肩省
配合肩胛骨突起的省

胸省
配合乳房形状的省

后

前

BL

BL

BP

配合后躯干部
轮廓的省

配合前躯干部
轮廓的省

WL

WL

腰省

腰省

WL

WL

配合臀部突
起的省

配合腹部突
起的省

后

前

成年女性的体型特征
1. 体轴后倾较大。
2. 腹部和下腹部突出。
3. 乳房较大。
4. 身体前部因胸凸，所以前长较长。
5. 臀部突出较大。
6. 在侧面轮廓上，后身弧度明显。

图 2-1

资料来源：文化服装学院. 文化ファッション大系 改訂版・服飾造形講座① 服飾造形の基礎 [M]. 东京：文化学園文化出発局，2023：73.

1.2 原型衣各部位名称和省道（图2-2）

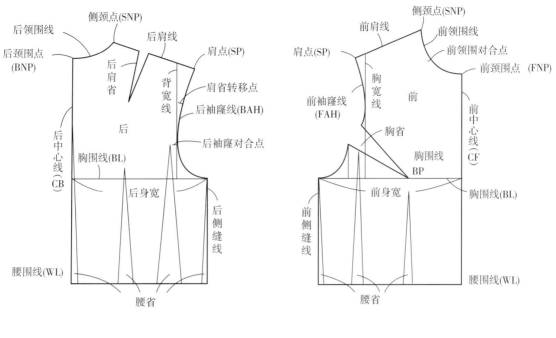

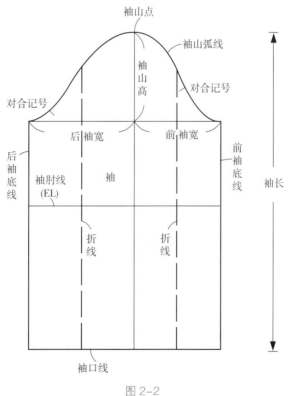

图 2-2

资料来源：文化服装学院. 文化ファッション大系 改訂版·服飾造形講座① 服飾造形の基礎 [M]. 东京：文化学園文化出発局，2023：74.

1.3 衣原型结构制图

衣原型是服装结构设计过程中的基础样板，其特点是符合人体基本形态。从某种意义上说，建立在原型样板基础上的平面结构设计，具备了一定的在人台上进行立体裁剪的直观性。日本文化式原型制图方法已有一套相对系统的、完善的结构设计理论，对初学者尤为适用。

衣身原型结构制图：

制图规格：160/84A；胸围：84cm；背长：38cm；腰围：68cm；臂长：52cm。

（1）基础线绘制（图2-3）：

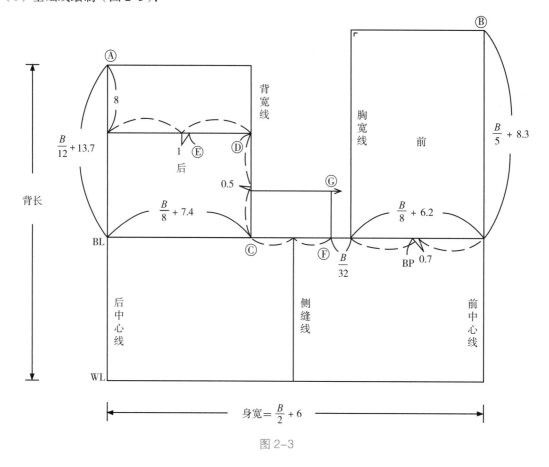

图2-3

①从Ⓐ往下，取背长绘制后中心线。

②在 WL 上取 $B/2$（胸围 /2）+6cm 为身宽。

③在后中心线从Ⓐ点往下取 $B/12+13.7$cm 作为 BL 的位置。

④作出前中心线并在 BL 位置上画出水平线。

⑤从后中心线起在 BL 上取 $B/8+7.4$cm（背宽）作为Ⓒ点。

⑥从Ⓒ点起向上作 BL 的垂线，为背宽线。

⑦从Ⓐ点起作 BL 水平线，与背宽线相交形成长方形。

⑧从Ⓐ点起往下 8cm 再画一条水平线与背宽线相交于Ⓓ点，并将后中心线到Ⓓ点之间分成二等份，从二等分处往侧缝方向 1cm 作为Ⓔ点。此点为肩省的向导点。

⑨从前中心线的 BL 起往上取 $B/5+8.3$cm 作为Ⓑ点。

⑩从Ⓑ点起往侧缝方向画水平线。

⑪前中心线沿着 BL 取 $B/8+6.2$cm（胸宽），并在胸宽二等分点处往侧缝方向 0.7cm 作为 BP 点。

⑫加入胸宽线画长方形。

⑬在 BL 上胸宽线处往侧缝方向取 $B/32$cm 作为Ⓕ点，从Ⓕ点画垂线与ⒸⒹ的二等分点往下 0.5cm 处引出的水平线交于点Ⓖ，将这个水平线作为Ⓖ线。

⑭点Ⓒ和点Ⓕ之间分成二等份并引出垂线交于 WL 上，作为侧缝线。

（2）画领口线、肩线、袖窿线和省道（图 2-4）：

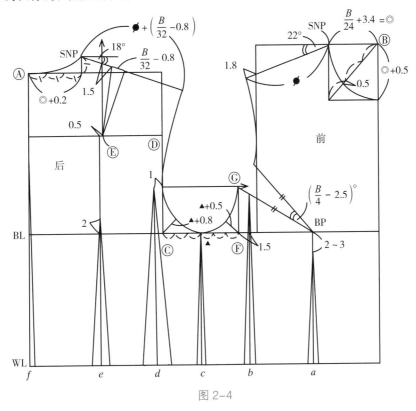

图 2-4

①画前领口线：从Ⓑ点起水平向左取 $B/24+3.4$cm= ◎（前领口宽），此点作为 SNP。然后从Ⓑ点起向下取 ◎ +0.5 cm（领口深）画长方形，在长方形中画一条对角线，分成三等份，在下方 1/3 等分点往下 0.5 cm 作为向导点，画顺前领口线。

②画前肩线：将 SNP 作为基点，以水平线取 22° 作前肩斜线，在与胸宽线的交点处往外延长 1.8cm，画出前肩线。

③画胸省和前袖窿上部线：将Ⓖ点和 BP 点连接，在这条线上用 $(B/4-2.5$cm$)$° 的角度取胸省量。两省边线长度相等，从前肩点连接胸宽线画出前袖窿上部线。

④画前袖窿底线：将Ⓕ点和侧缝线之间三等分，取 1/3 量为 ▲，然后在角分线上取 ▲ +0.5cm，作为向导点，连接Ⓖ点到侧缝线，画顺前袖窿底线。

⑤画后领口线：从Ⓐ点起在水平线上取 ◎ +0.2cm（后领口宽），分成三等份，取一份的量作为高度，在垂直向上的位置作 SNP，画顺后领口线。

⑥画后肩线：从 SNP 起作一水平线，取 18° 的后肩斜度作后肩线。

⑦加入后肩省：前肩宽的尺寸再加肩省量 $B/32-0.8$cm，得到后肩线的长度。由Ⓔ点向上引出垂线，与肩线交点处往后肩点侧取 1.5 cm 处为肩省的位置。

⑧画后袖窿线：从Ⓒ点起在角分线上取 ▲ +0.8cm 作为向导点，从后肩点起连顺背宽线、向导点，画顺后袖窿线。

⑨画腰省起点：

省 a——BP 点下方。

省 b——从Ⓕ点起往前中心线方向 1.5cm。

省 c——侧缝线处。

省 *d*——背宽线与Ⓖ线的交点处向后中心线方向水平取 1 cm。

省 *e*——从Ⓔ点起向后中心线方向 0.5cm 处。

省 *f*——后中心线处。

将这些点向下画垂线作为省的中心线，各省量由相对总省量比例计算得出。总省量为（*B*/2+6cm）−（*W*/2+3cm）。腰省分配量参考表 2-1。

表 2-1　上半身原型的腰省分配表　　　　　　　　　　　　　　　　　　单位：cm

总省量	*f*	*e*	*d*	*c*	*b*	*a*
100%	7%	18%	35%	11%	15%	14%
9	0.630	1.620	3.150	0.990	1.350	1.260
10	0.700	1.800	3.500	1.100	1.500	1.400
11	0.770	1.980	3.850	1.210	1.650	1.540
12	0.840	2.160	4.200	1.320	1.800	1.680
12.5	0.875	2.250	4.375	1.375	1.875	1.750
13	0.910	2.340	4.550	1.430	1.950	1.820
14	0.980	2.520	4.900	1.540	2.100	1.960
15	1.050	2.700	5.250	1.650	2.250	2.100

资料来源：文化服装学院 . 文化ファッション大系 改訂版・服飾造形講座① 服飾造形の基礎 [M]. 东京：文化学園文化出発局，2023：87.

（3）不使用量角器作图时肩斜度和胸省的计算方法：

①前、后肩斜度的确定方法，绘制如图 2-5 所示。

前肩斜度：从 SNP 点向左画水平线并取 8cm，再垂直向下取 3.2cm，连接 SNP 点并延长为前肩线。

后肩斜度：从 SNP 点向右画水平线并取 8cm，再垂直向下取 2.6cm，连接 SNP 点并延长为后肩线。

画胸省：将Ⓖ点和 BP 点连接，从Ⓖ点取 *B*/12−3.2cm 作为胸省的量。

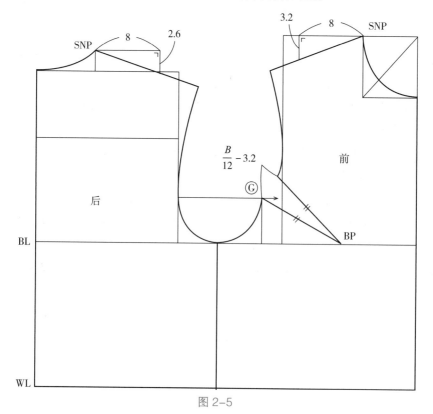

图 2-5

②胸省量参见表 2-2。胸围在 93cm 以内使用计算式，胸围在 94cm 以上按表格数据作图后还要修正袖窿。

表 2-2　胸省量参照表（不使用量角器的计算式）　　　　　　　　单位：cm

B	77	78	79	80	81	82	83	84	85	86	87	88	89	90	91	92	93	94	95	96	97	98	99	100	101	102	103	104
胸围	3.2	3.3	3.4	3.5	3.6	3.6	3.7	3.8	3.9	4.0	4.1	4.1	4.2	4.3	4.4	4.5	4.6	4.6	4.7	4.8	4.9	5.0	5.1	5.1	5.2	5.3	5.4	5.5

资料来源：文化服装学院 . 文化ファッション大系 改訂版・服飾造形講座① 服飾造形の基礎 [M]. 东京：文化学園文化出発局，2023：88.

（4）袖原型结构制图：

袖原型是依据衣身原型的袖窿尺寸（AH）和袖窿形状来绘制的，如图 2-6 所示。

①将衣身袖窿形状拷贝到另一张纸上。先画出衣片的 BL 线、侧缝线，之后将后肩点到袖窿线、背宽线拷贝，画 G 线水平线，然后将前片 G 线到侧缝线的袖窿底线拷贝，按住 BP 点闭合袖窿省，再拷贝从肩点开始的前袖窿线。

②确定袖山高度，画袖长。将侧缝线向上延长作为袖山线，并在此线上确定袖山高度，袖山高度是前、后肩点高度差的 1/2 处到 BL 的 5/6 处。从袖山顶点取袖长尺寸画袖口线。

③取袖窿尺寸作袖山辅助线并确定袖宽，绘制如图 2-7 所示。取前 AH 尺寸连接袖山点交于前 BL 上，取后 AH+1cm+ ★尺寸连接袖山点交于后 BL 上，然后从前、后的袖宽点分别向下画袖窿底线。

④画袖山弧线。将衣身袖窿底的 ● 与 ○ 之间的弧线分别拷贝到袖底前后。前袖山弧线是从袖山点起，在斜线上取前 AH/4 的位置处并在斜线上垂直抬高 1.8 ~ 1.9cm 的高度后连线画成凸弧线，接着在斜线和 G 线的交点往上 1cm 处渐渐变成凹弧线连接，并画顺。后袖山弧线是取前 AH/4 的位置往上 1.9 ~ 2cm，并连线形成凸弧线，在斜线和 G 线交点处下 1cm 处渐渐变成凹弧线连接，并画顺。

⑤画袖肘线。取袖长 /2+2.5cm 确定袖肘位置，画袖肘线（EL）。

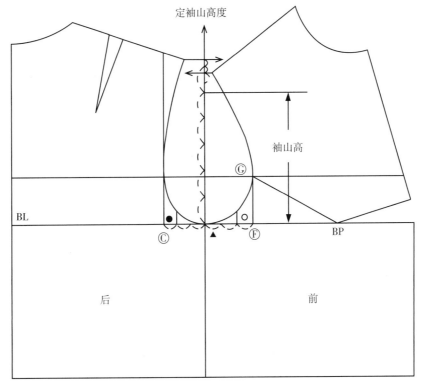

图 2-6

⑥加入袖折线，绘制如图 2-8 所示。将前、后袖宽各自二等分，加入袖折线并将袖山弧线拷贝到折线内侧，确认袖底弧线。

⑦绘制袖窿线、袖山弧线的对合记号。取前袖窿线上⑥到侧缝线的尺寸在前袖底线上做对合记号，后侧的对合记号是取后袖窿底、后袖底线的●的位置。从对合记号起到袖底线，前、后均不加入缩缝量。

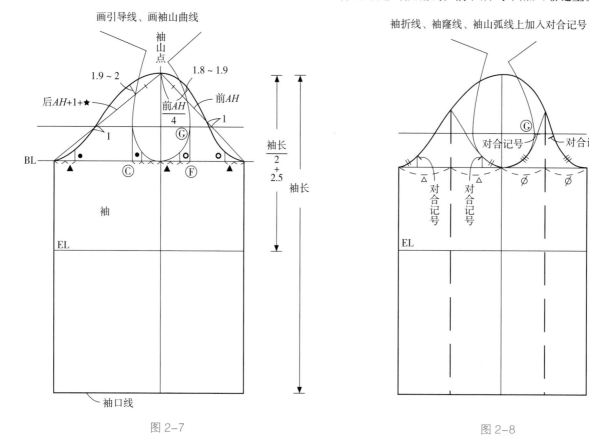

图 2-7   图 2-8

（5）关于袖山的缩缝量：袖山弧线尺寸要比袖窿尺寸多 7%～8%，这些差值便是缩缝量。这个缩缝量是为装袖所留的，也是为了符合人体手臂的形状。袖山的缩缝量能使衣袖外形富有立体感。

（6）据胸围计算生成的各部位数据一览表见表 2-3。

表 2-3 各部位尺寸参照表

B	身宽	Ⓐ～BL	背宽	BL～Ⓑ	前胸宽	B/32	前领口宽	前领口深	胸省		后领口宽	后肩省	★
									角度	量			
	B/2+6	B/12+13.7	B/8+7.4	B/5+8.3	B/8+6.2	B/32	B/24+3.4=◎	◎+0.5	(B/4-2.5)°	B/12-3.2	◎+0.2	B/32-0.8	★
77cm	44.5cm	20.1cm	17.0cm	23.7cm	15.8cm	2.4cm	6.6cm	7.1cm	16.8°	3.2cm	6.8cm	1.6cm	0
78cm	45.0cm	20.2cm	17.2cm	23.9cm	16.0cm	2.4cm	6.7cm	7.2cm	17.0°	3.3cm	6.9cm	1.6cm	0
79cm	45.5cm	20.3cm	17.3cm	24.1cm	16.1cm	2.5cm	6.7cm	7.2cm	17.3°	3.4cm	6.9cm	1.7cm	0
80cm	46.0cm	20.4cm	17.4cm	24.3cm	16.2cm	2.5cm	6.7cm	7.2cm	17.5°	3.5cm	6.9cm	1.7cm	0
81cm	46.5cm	20.5cm	17.5cm	24.5cm	16.3cm	2.5cm	6.8cm	7.3cm	17.8°	3.6cm	7.0cm	1.7cm	0
82cm	47.0cm	20.5cm	17.7cm	24.7cm	16.5cm	2.6cm	6.8cm	7.3cm	18.0°	3.6cm	7.0cm	1.8cm	0

B	身宽 $B/2+6$	Ⓐ~BL $B/12+13.7$	背宽 $B/8+7.4$	BL~Ⓑ $B/5+8.3$	前胸宽 $B/8+6.2$	$B/32$	前领口宽 $B/24+3.4=◎$	前领口深 $◎+0.5$	胸省 角度 $(B/4-2.5)°$	胸省 量 $B/12-3.2$	后领口宽 $◎+0.2$	后肩省 $B/32-0.8$	★
83cm	47.5cm	20.6cm	17.8cm	24.9cm	16.6cm	2.6cm	6.9cm	7.4cm	18.3°	3.7cm	7.1cm	1.8cm	0
84cm	48.0cm	20.7cm	17.9cm	25.1cm	16.7cm	2.6cm	6.9cm	7.4cm	18.5°	3.8cm	7.1cm	1.9cm	0
85cm	48.5cm	20.8cm	18.0cm	25.3cm	16.8cm	2.7cm	6.9cm	7.4cm	18.8°	3.9cm	7.1cm	1.9cm	0.1cm
86cm	49.0cm	20.9cm	18.2cm	25.5cm	17.0cm	2.7cm	7.0cm	7.5cm	19.0°	4.0cm	7.2cm	1.9cm	0.1cm
87cm	49.5cm	21.0cm	18.3cm	25.7cm	17.1cm	2.7cm	7.0cm	7.5cm	19.3°	4.1cm	7.2cm	2.0cm	0.1cm
88cm	50.0cm	21.0cm	18.4cm	25.9cm	17.2cm	2.8cm	7.1cm	7.5cm	19.5°	4.1cm	7.3cm	2.0cm	0.1cm
89cm	50.5cm	21.1cm	18.5cm	26.1cm	17.3cm	2.8cm	7.1cm	7.6cm	19.8°	4.2cm	7.3cm	2.0cm	0.1cm
90cm	51.0cm	21.2cm	18.6cm	26.3cm	17.5cm	2.8cm	7.2cm	7.6cm	20.0°	4.3cm	7.4cm	2.0cm	0.2cm
91cm	51.5cm	21.3cm	18.7cm	26.5cm	17.6cm	2.8cm	7.2cm	7.7cm	20.3°	4.4cm	7.4cm	2.1cm	0.2cm
92cm	52.0cm	21.4cm	18.8cm	26.7cm	17.7cm	2.9cm	7.2cm	7.7cm	20.5°	4.5cm	7.4cm	2.1cm	0.2cm
93cm	52.5cm	21.5cm	18.9cm	26.9cm	17.8cm	2.9cm	7.3cm	7.7cm	20.8°	4.6cm	7.5cm	2.1cm	0.2cm
94cm	53.0cm	21.5cm	19.0cm	27.1cm	18.0cm	2.9cm	7.3cm	7.8cm	21.0°	4.6cm	7.5cm	2.2cm	0.2cm
95cm	53.5cm	21.6cm	19.2cm	27.3cm	18.1cm	3.0cm	7.4cm	7.8cm	21.3°	4.7cm	7.6cm	2.2cm	0.3cm
96cm	54.0cm	21.7cm	19.3cm	27.5cm	18.2cm	3.0cm	7.4cm	7.9cm	21.5°	4.8cm	7.6cm	2.2cm	0.3cm
97cm	54.5cm	21.8cm	19.4cm	27.7cm	18.3cm	3.0cm	7.4cm	7.9cm	21.8°	4.9cm	7.6cm	2.2cm	0.3cm
98cm	55.0cm	21.9cm	19.5cm	27.9cm	18.5cm	3.1cm	7.5cm	8.0cm	22.0°	5.0cm	7.7cm	2.3cm	0.3cm
99cm	55.5cm	22.0cm	19.6cm	28.1cm	18.6cm	3.1cm	7.5cm	8.0cm	22.3°	5.1cm	7.7cm	2.3cm	0.3cm
100cm	56.0cm	22.0cm	19.7cm	28.3cm	18.7cm	3.1cm	7.6cm	8.1cm	22.5°	5.1cm	7.8cm	2.3cm	0.4cm
101cm	56.5cm	22.1cm	19.8cm	28.5cm	18.8cm	3.2cm	7.6cm	8.1cm	22.8°	5.2cm	7.8cm	2.4cm	0.4cm
102cm	57.0cm	22.2cm	19.9cm	28.7cm	19.0cm	3.2cm	7.7cm	8.2cm	23.0°	5.3cm	7.9cm	2.4cm	0.4cm
103cm	57.5cm	22.3cm	20.0cm	28.9cm	19.1cm	3.2cm	7.7cm	8.2cm	23.3°	5.4cm	7.9cm	2.4cm	0.4cm
104cm	58.0cm	22.4cm	20.2cm	29.1cm	19.2cm	3.3cm	7.7cm	8.2cm	23.5°	5.5cm	7.9cm	2.5cm	0.4cm

2　衣身省道转移结构设计变化案例

原型衣的结构变化，是指在原型纸样的基础上，以 BP 点为基点进行的省道转移和分散，是完成不同款式结构制图的一个基础有效的方法。

2.1　衣身部位与省道名称

省道按所在衣身的不同部位命名，可分为肩省、袖窿省、侧缝省、领省、前中心省、腰省。以肩省为例，在肩线上任意一条指向 BP 点的省道，都可称为肩省，其他省的命名同理。在实际应用中，不同省道的省尖均不可指到 BP 点，BP 点周围禁区如图 2-9 所示。

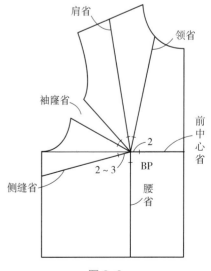

图 2-9

2.2 案例一：袖窿省转移为侧缝省（图 2-10）

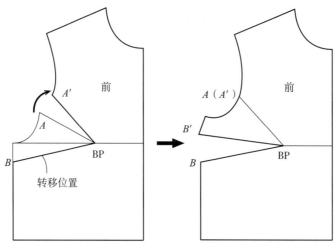

图 2-10

①将 BP 点和转移位置用线连接，确认 B 点。

②将袖窿省的胸围线一侧的端点作为 A 点，另一侧端点作为 A′ 点，将 BP 点作为基点压住，顺时针方向转动原型样板，使 A 点移动到 A′ 点上重叠。B 点移动产生了 B′ 点。

③画出 A（A′）点到 B′ 点的外轮廓线，并直线连接 B′ 点与 BP 点。

由于袖窿省的闭合，B 点转移到了 B′ 点，袖窿省就转移到了侧缝线上，成为侧缝省。由于 B 点和 BP 点之间的距离比 A 点和 BP 点之间的距离长，所以侧缝线上的省量也变大了。

2.3 案例二：袖窿省转移为腰省（图 2-11）

①将 BP 点和转移位置用线连接，确认 B 点。

②将袖窿省的胸围线一侧的端点作为 A 点，另一侧端点作为 A′ 点，将 BP 点作为基点压住，顺时针方向转动原型样板，使 A 点移动到 A′ 点上重叠。B 点移动产生了 B′ 点。

③画出 A（A′）点到 B′ 点的外轮廓线，并直线连接 B′ 点与 BP 点。

这样，袖窿省就转移为腰省了。由于 B 点和 BP 点之间的距离比 A 点和 BP 点之间的距离长，所以腰围线上的省量也变大了。

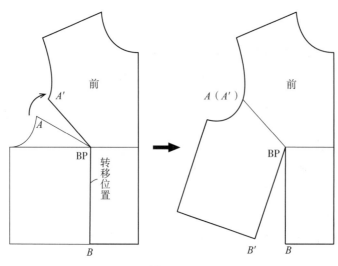

图 2-11

2.4 案例三：袖窿省转移为肩省（图2-12）

①将BP点和转移位置用线连接，确认B点。

②将袖窿省的肩点一侧的端点作为A点，另一侧端点作为A′点，将BP点作为基点压住，逆时针方向转动原型样板，使A点移动到A′点上重叠。B点移动产生了B′点。

③画出A（A′）点到B′点的外轮廓线，并直线连接B′点与BP点。

随着B点向B′点的移动，袖窿省转移为肩省。由于B点和BP点之间的距离是A点和BP点之间距离的2倍左右，所以转移为肩省后的省量也为袖窿省的2倍左右。

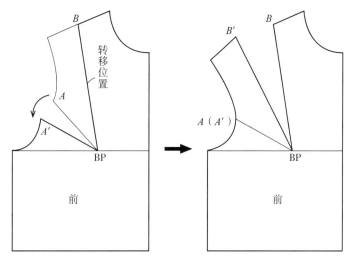

图 2-12

2.5 案例四：袖窿省转移为前中心省（图2-13）

①将BP点和转移位置用线连接，确认B点。

②将袖窿省的肩点一侧的端点作为A点，另一侧端点作为A′点，将BP点作为基点压住，逆时针方向转动原型样板，使A点移动到A′点上重叠。B点移动产生了B′点。

③画出A（A′）点到B′点的外轮廓线，并直线连接B′点与BP点。

随着B点向B′点的移动，袖窿省转移为前中心省。由于B点和BP点之间的距离比A点和BP点之间的距离短，所以转移为前中心省后的省量变少了。

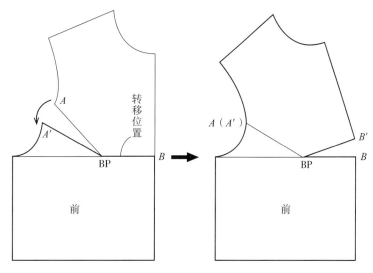

图 2-13

2.6 案例五：部分袖窿省向领围线、肩线分散转移（图2-14）

①将BP点和转移位置用线连接，确认 B 点、C 点。

②将袖窿省的肩点一侧的端点作为 A 点，另一侧端点作为 A' 点，再压住BP点转动样板，使 A 点向 A' 点方向移动，前领口宽度变为后领口宽度 + ▲（0.5～1cm），B 点移动产生了 B' 点。

③画出 B 点到 C 点的外轮廓线。随着 B 点移到 B' 点，袖窿省向领围线转移，作为领围的松量而被分散。

④同理画出从 C' 点到 A（A''）点的外轮廓线。

袖窿省向肩线转移后形成的肩省是在样板上被除去的款式省，因此 A'、A（A''）点之间的省道成为袖窿松量，这个省量和领围上的省量在样板上是不被除去的量，被看作对原型样板的调整。

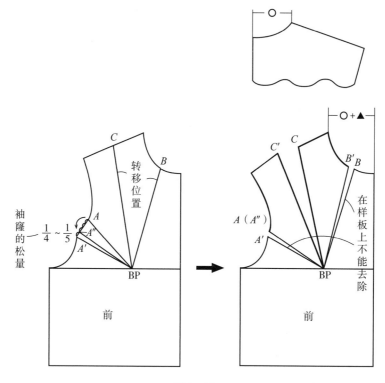

图2-14

2.7 案例六：部分袖窿省向领围线、腰围线分散转移（图2-15）

①将BP点和转移位置用线连接，确认 B 点、D 点。

②将袖窿省的肩点一侧的端点作为 A 点，另一侧端点作为 A' 点，并加上 A 点到 A' 点之间距离的 1/4～1/5 作为袖窿的松量，得到 A'' 点。

③画出 B' 点到 A 点的外轮廓线。袖窿省向领围线转移，作为领围的松量而被分散。

④接着把 A'' 点向 A 点移动重叠，D 点移动产生了 D' 点。

⑤画出从 D' 点到 A' 点的外轮廓线，袖窿省在腰围线上被转移分散。

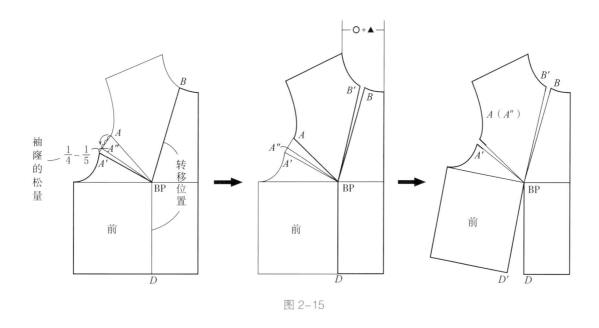

图 2-15

2.8 案例七：后肩省向袖窿分散转移（图 2-16）

后肩省多向袖窿、领围线分散转移。通常后肩省向袖窿分散转移成袖窿的松量或者垫肩的松量，在样板上作为省而不被除去。

①将后肩省省尖和转移位置用直线连接，确认 D 点。

②后肩省的肩点一侧的端点为 C 点，另一侧端点为 C′ 点，压住肩省的省尖作为基点转动样板，将 C 点转移到 C′ 点重叠，同时 D 点移动产生了 D′ 点。

③画出 C（C′）点到 D′ 点的外轮廓线。

这样，后肩省完成了向袖窿的转移。制作装有垫肩的服装款式时，这个省作为袖窿的松量。

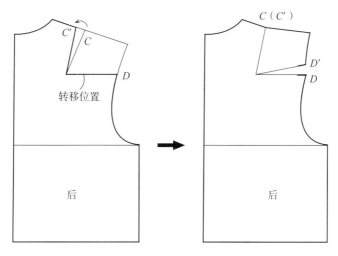

图 2-16

2.9 案例八：部分后肩省向袖窿分散转移（图 2-17）

①将后肩省省尖和转移位置用直线连接，确认 D 点。

②确定向袖窿分散的量，首先压住肩省的省尖作为基点，然后转移从 D 点分散的量，作出 D′ 点。

③画出 C 点到 D′ 点的外轮廓线。

完成了后肩省向袖窿的转移，分散到袖窿的部分后肩省成为袖窿的松量，剩余的后肩省可成为褶裥或者缩缝量。

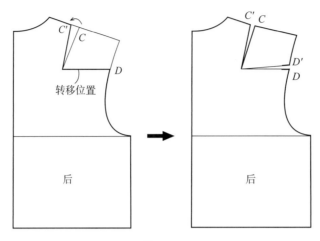

图 2-17

2.10　案例九：后肩省向领围线分散转移（图 2-18）

①将后肩省省尖和转移位置用直线连接，确认 E 点。

②将后肩省侧颈点一侧的端点作为 C 点，另一侧端点为 C' 点，压住肩省的省尖作为基点，将 C 点转移到 C' 点重叠，同时 E 点移动产生了 E' 点。

③画出 C（C'）点到 E' 点的外轮廓线。

完成了后肩省向领围线的转移，转移后的省为后领围省。

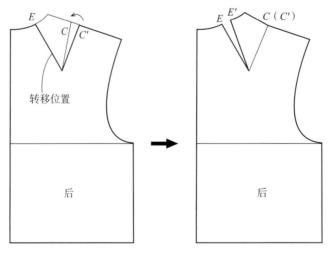

图 2-18

2.11　案例十：部分后肩省向领围线分散转移（图 2-19）

①将后肩省省尖和转移位置用直线连接，确认 E 点。

②将后肩省侧颈点一侧的端点作为 C 点，另一侧端点为 C' 点，并将省量等分的位置作为 C'' 点。

③以肩省省尖作为基点压住，将 C 点转移到 C'' 点重叠，同时 E 点移动产生了 E' 点。

④画出 E' 点到 C（C''）点的外轮廓线。

部分后肩省被分散到了后领围中，被转移为后领围省，最终被款式消除，或者成为省或缩缝量。

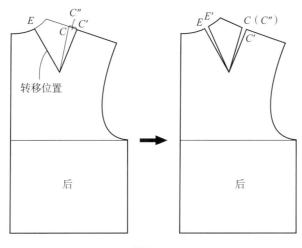

图 2-19

2.12　案例十一：后肩省向领围线、袖窿分散转移（图 2-20）

①将后肩省省尖和转移的位置用直线连接，确认 D 点、E 点。

②将后肩省侧颈点一侧的端点作为 C 点，另一侧端点为 C' 点，并将省量等分的位置作为 C'' 点。

③以肩省省尖作为基点压住，将 C 点转移到 C'' 点重叠，同时 E 点移动产生了 E' 点。

④画出 E' 点到 C（C''）点的外轮廓线。

⑤将 C' 点转移到 C（C''）点重叠，同时 D 点移动产生了 D' 点。

⑥画出 C（C''）点到 D' 点的外轮廓线。被转移到袖窿的后肩省成为袖窿的松量。

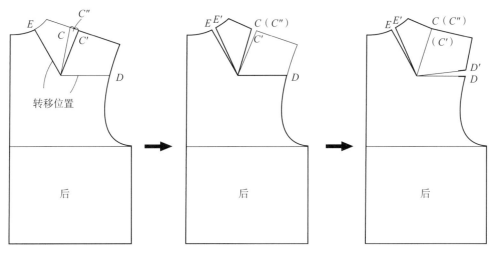

图 2-20

2.13　案例十二：后肩省向腰围线分散转移（图 2-21）

①将后肩省省尖和转移位置用直线连接，确认 D 点。

②将后肩省肩点一侧的端点作为 C 点，另一侧端点为 C' 点。以肩省省尖作为基点压住，将 C 点转移到 C' 点重叠，同时 D 点移动产生了 D' 点。

③画出完整外轮廓线。后肩省被分散转移到了腰围中。

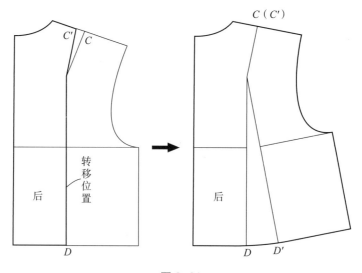

图 2-21

2.14 案例十三：后腰省的闭合（图 2-22）

①将后腰省 d 近侧缝线一侧的端点作为 A 点，另一侧端点为 A′ 点，并将此省尖作为 B 点。

②把 B 点和转移位置用直线连接，确认 C 点。

③将 B 点作为基点压住，将 A 点转移到 A′ 点重叠，同时 C 点移动产生了 C′ 点。

④画出 A（A′）点到 C′ 点的外轮廓线。

后腰省 d 闭合，C 点到 C′ 点的展开量成为袖窿的松量。

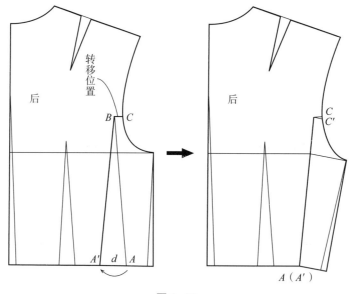

图 2-22

2.15 案例十四：前腰省的闭合（图 2-23）

①将前腰省 b 近侧缝一侧的端点作为 A 点，另一侧端点为 A′ 点，并将此省尖作为 B 点。

②以 B 点作为基点压住，将 A 点转移到 A′ 点重叠。

③画出 A（A′）点到 B 点的外轮廓线。前腰省被闭合。

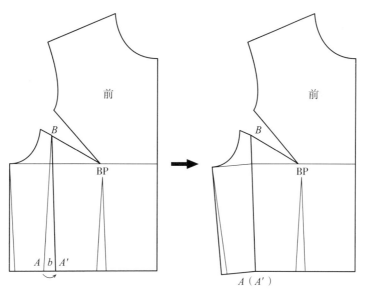

图 2-23

3 衣身连省成缝结构设计变化案例

衣片上的省道过多，既影响服装的缝制效率和外观效果，又影响服装的穿着牢度。在不影响服装款式造型的基础上，将相关联的省道以分割衣缝代替，即连省成缝。

3.1 衣身连省成缝原则

（1）连接省道时应尽量使连接线通过或接近人体的 BP 点，以充分发挥省道的合体作用。

（2）当连接经向和纬向的省道时，从工艺角度考虑，应以最短路径连接，并使其具有良好的可加工性、贴体性。从造型艺术的角度考虑，省道连接的路径要与整体造型协调统一，考虑其美观性。

（3）连省成缝时，应对连接线进行细部修正，使其光滑美观，不必拘泥于原省道形状。

（4）连省成缝前，可进行省道转移，以达到理想的连接状态。

3.2 案例一：折线式分割的连省成缝（图 2-24）

结构制图要点（图 2-25）：

（1）前衣身：折叠近侧缝线腰省，依款式图设计领口省位置。

（2）折叠近前中心线腰省，转移为领口省，完成折线式分割的连省成缝。

图 2-24

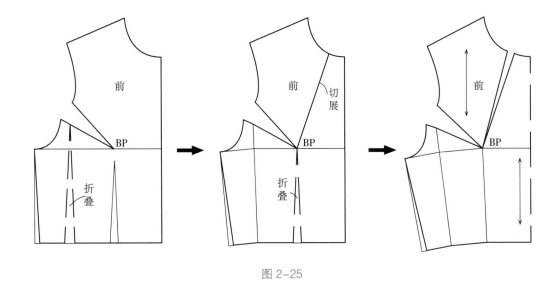

图 2-25

3.3　案例二：公主线式分割的连省成缝（图 2-26）

结构制图要点：

（1）前衣身：折叠近侧缝线腰省，设计肩省位置在前肩线的等分处，转移袖窿省为肩省，绘制如图 2-27 所示。

（2）后衣身：折叠近侧缝线腰省，可连接后肩省和腰省，直接连省成缝，也可考虑与前衣身肩缝对齐，移动肩省后完成连省成缝，绘制如图 2-28 所示。

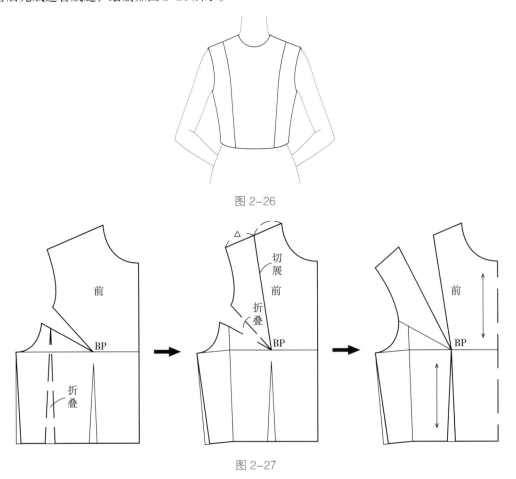

图 2-26

图 2-27

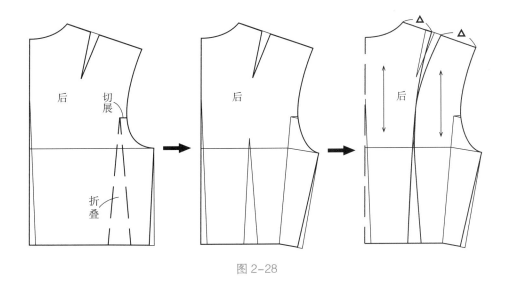

图 2-28

4 衣身省道、褶裥、塔克、抽褶结构设计要素

服装结构设计中除了省道的变化应用，还有褶裥、塔克、抽褶的变化应用，这些结构形式的组合应用，既起到了塑形的作用，又丰富了服装款式造型变化，增添了服装的装饰效果与艺术性。

4.1 省道分类

省道按具体形态可分为钉子省、锥子省、橄榄省、弧形省，如图 2-29 所示。

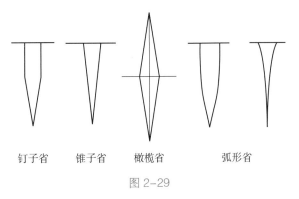

钉子省　　锥子省　　橄榄省　　弧形省

图 2-29

4.2 褶裥分类

（1）顺裥：指向同一方向折叠的褶裥，既可向左折倒，也可向右折倒，如图 2-30 所示。

（2）箱形裥：指同时向两个方向折叠的褶裥，又可分为明裥和暗裥，如图 2-31 所示。

（3）风琴裥：面料之间没有折叠，只是通过熨烫定形，形成裥的效果，如图 2-32 所示。

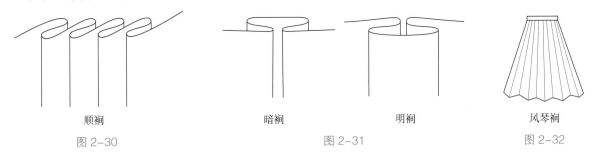

顺裥　　　　　　　　　暗裥　　　　　明裥　　　　　风琴裥

图 2-30　　　　　　　　　　　图 2-31　　　　　　　　　　图 2-32

4.3 塔克分类

塔克是一个外来语，是英文"tuck"的音译名称。塔克与褶裥有相同之处，是将折倒的褶裥部分或全部用线迹固定。按缝迹固定的方式不同，塔克可分为普通塔克和立式塔克。

（1）普通塔克：将折倒的褶裥沿明折边用缝线固定，如图2-33所示。

（2）立式塔克：是指沿褶裥的暗折边用缝线固定。因明折边没有用缝迹固定，所以具有浮雕效果，更具立体感，如图2-34所示。

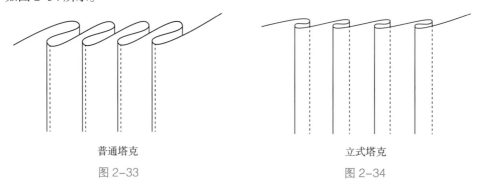

普通塔克　　　　　　　　　　　　　　　立式塔克

图2-33　　　　　　　　　　　　　　　图2-34

4.4 抽褶结构

抽褶结构可以看作是多个细小的褶裥的组合，抽褶量可以由省道转变而来，这种结构有让衣身合体的作用。抽褶量还可以用拉展的形式附加，这种形式的抽褶通常只具有装饰功能。抽褶多用于女装与童装中，设计形式灵活多样。抽褶部位可以是水平的、垂直的或斜向的，也可以是上下两端同时抽褶，抽褶部位及抽褶量依款式造型和面料特征而定。

5　衣身综合结构设计变化案例

5.1 省道设计原则

（1）省道形式的设计：设计省道时，形式可以是单个集中的，也可以是多方位分散的，可以是直线形，也可以是弧线形、曲线形。单个集中的省道由于省道的缝去量大，容易形成尖点，与人体实际体态不符，外观造型又显生硬。多方位分散的省道设计由于各省道的缝去量小，可使省尖处造型较为平缓，但有时由于缝制多个省道而影响了缝制效率。在实际应用中，应综合考虑各种因素，如外观造型、面料性能、缝制效率等。

（2）单个省道形状的设计：省道形状的设计，主要视衣身与人体贴体程度的需要而定，不能简单地将所有省道的两边都设计成直线形，特别是合体性强的服装，应根据人体体态将省道两边设计成略带弧形、有宽窄变化的形式。不同的曲面形态和不同的贴体程度应选择相应的省道形状。

（3）省道部位的设计：从理论上讲，不同部位的省道能起到同样的合体作用，而实际上，不同部位的省道除了会产生不同的服装视觉效果外，也会对服装外观造型产生细微的影响。省道部位的选择取决于不同的体型和不同的服装面料，如肩省更适用于胸围较大的体型，而侧缝省更适用于胸部较扁平的体型。从结构功能上讲，肩省兼有完善肩部造型和完善胸部造型两种功能，侧缝省只具有完善胸部造型一种功能。

（4）省道量的设计：省道量的设计通常以人体各截面围度的差数为依据。差数越大，人体曲面形成角度越大，面料覆盖于人体的余褶就越多，相应的省道量越大；反之，省道量越小。此外，还应考虑服装的款式造型风格，对于宽松风格的服装，省道量应设计得小些，甚至可以不设计省道；对于合体风格的服装，省道量设计得应相对大一些。

（5）省尖位置的设计：一般来说，省尖的位置与人体隆起的凸点部位相吻合，但由于人体曲面变化是平缓而不是突变的，所以省尖的位置只能对准某一曲率变化最大的部位（即凸点），并且不能完全经过该点。例如，前衣身各部位省道的省尖都指向胸高点，在进行省道转移时，也都以胸高点为中心进行转移，但实际缝制时，各省尖距胸高点都有一定的距离，如图2-9所示。

（6）省道风格设计：省道风格的设计是决定服装造型的重要因素之一，女装省道风格在一定的程度上是由乳房形态决定的。

①高胸细腰造型：这类体型胸腰差大，胸部丰满，胸点位置低，腰部较细。设计省道时，省道量通常要大，形状为符合乳房形态的弧形，可加腰省，强调收腰效果。

②少女型造型：这类体型胸点的间距较短，位置偏高，是青春发育期的少女胸部造型。设计省道时，省道量通常要小，省尖位置应偏高，形状呈锥形。

③优雅型造型：这类体型胸部造型较扁平，胸高位置是一个近似圆形的区域，不强调体现腰部的凹进和臀部的隆起形态。设计省道时，省道量通常小且分散。

④平面型造型：不表现女性胸部隆起形态，腰部和臀部造型较平直，通常不收省或省道量很小。

5.2 分割线的分类及设计

服装上的分割线有多种形态，如纵向分割线、横向分割线、斜向分割线、自由分割线等。此外，还常用具有节奏规律的线条，如螺旋线、放射线等。分割线的方向性和运动性使服装的款式造型更丰富，更具表现性。

服装上的分割线既有装饰性作用又有功能性作用，对服装的造型及合体性起着主导作用。通常将分割线分为两类：装饰分割线和功能分割线。

（1）装饰分割线：装饰分割线是为了外观款式的需要，附加在服装上起装饰作用的分割线，对服装的合体程度不起作用，但分割线所处的部位以及形态、数量的设计变化会引起服装造型效果的改变。

（2）功能分割线：功能分割线具有适体特征及加工方便的工艺特征，如连省成缝形成的分割线，其常以简单的分割形式最大限度地显示出人体的曲面特征。既有收省道的作用，又简化了工艺流程。

服装分割线的设计不仅要考虑款式造型的装饰美感，同时还要兼顾分割线的功能性。对服装分割线结构的优化使其既符合造型艺术的审美要求，又可以展示人体曲线的美感，同时最大限度地减少成衣加工的复杂程度。

5.3 案例一：前中心省抽褶的结构设计（图2-35）

结构制图要点：

①折叠近侧缝线腰省，转移袖窿省与近前中心线腰省至前中心省，把前中心省量转化为抽褶量，绘制如图2-36所示。

②如褶量不够可追加，沿胸围线剪开衣片并拉够所需量。修顺衣身外轮廓线，绘制如图2-37所示。

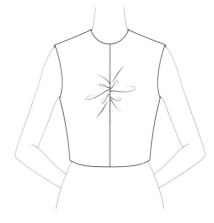

图2-35

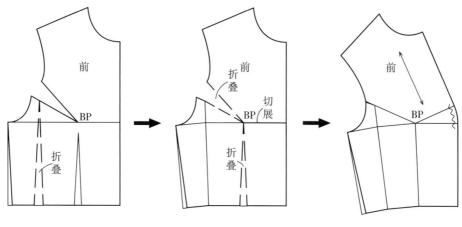

图 2-36

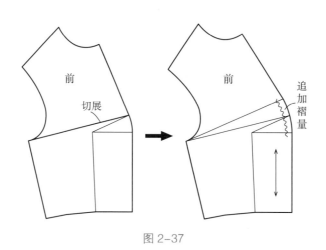

图 2-37

5.4 案例二：腰省上抽褶的结构设计（图 2-38）

结构制图要点（图 2-39）：

①折叠近侧缝线腰省，折叠袖窿省，在腰省处切展。

②在腰省边线上向侧缝线作几条均匀分布的辅助线，沿辅助线剪开并均匀拉开所需抽褶量。

③修顺衣身外轮廓线。

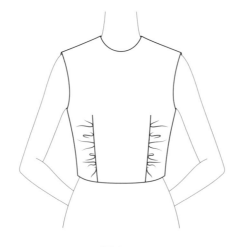

图 2-38

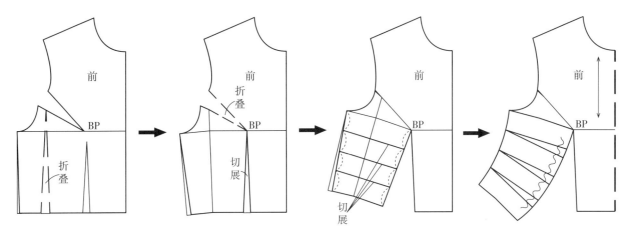

图 2-39

5.5 案例三：前中心省波浪造型的结构设计（图 2-40）

结构制图要点（图 2-41）：

①折叠近侧缝线腰省，将袖窿省转移至前中心省。

②依款式图增加波浪量，波浪造型主要适用于悬垂性好的面料。

图 2-40

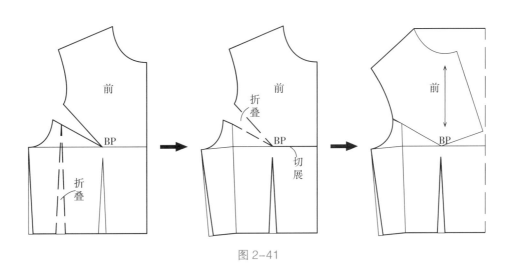

图 2-41

5.6 案例四：不通过 BP 点的分割线结构设计（图 2-42）

在服装款式设计中，经常会遇到不通过 BP 点的分割线，可采用转移的方法将原省量移至分割线处。

结构制图要点（图 2-43）：

①折叠近侧缝线腰省，将袖窿省转移至肩省。

②依款式图画出分割线和省道，将腰省 a 转移至分割线处。

③将肩省转移至新画的省道处，修正省尖位置。

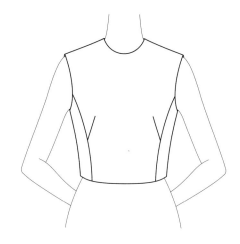

图 2-42

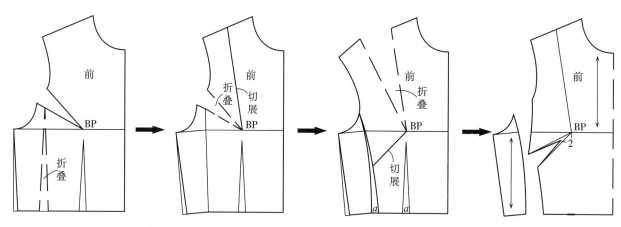

图 2-43

5.7 案例五：不对称式造型的结构设计（图 2-44）

此款造型结构设计的特点是将省量转移至弧形分割线中隐藏。为了不妨碍弧形分割线的设计，先将腰省量转移至不与分割线相交的临时省位。因是不对称设计，所以需同时作出左、右衣片。

结构制图要点：

①折叠近侧缝线腰省，将近前中心省转移至袖窿省，绘制如图 2-45 所示。

②因款式为不对称结构，先以前中心线为对称轴作出完整前衣身，再依款式图画出分割线，绘制如图 2-45 所示。

③将袖窿省转移至分割线处，修正省尖位置，绘制如图 2-46 所示。

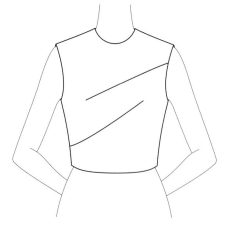

图 2-44

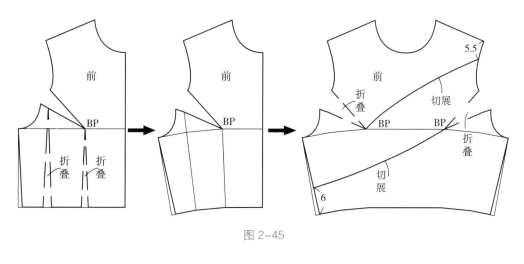

图 2-45

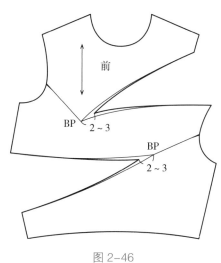

图 2-46

6 衣身结构设计其他要素

衣身的门襟、口袋、纽位也是服装结构设计的重要元素，这些部位的结构设计变化往往起到画龙点睛的作用，充分体现服装的整体设计构思。

6.1 门襟结构设计

服装的门襟是为了穿脱方便而设计在衣服的某个部位的结构形式，具有较多的变化形式。

（1）前衣身正中的门襟：这是最常见的门襟位置，具有方便、明快、平衡的特点，可分为对合门襟、对称门襟。左右两襟搭合在一起的重叠部分是搭门。

①对合门襟是没有搭门的开襟形式，止口处常配明拉链、扣袢或装饰边等，如图2-47所示。

②对称门襟是有搭门的开襟形式，分左、右两襟，是服装中应用最广的门襟形式。锁扣眼的一边称为大襟或门襟，钉扣子的一边称为里襟。一般男装的扣眼锁在左襟上，女装的扣眼锁在右襟上。对称门襟因搭门的宽度不同，又可分为单排扣搭门和双排扣搭门。

单排扣搭门的宽度因面料厚度及纽扣大小的不同而变化。单排扣搭门又有明门襟和暗门襟之分，正面能够看到纽扣的为明门襟，如图2-48所示；正面看不到纽扣，纽扣缝在衣片夹层里的为暗门襟，如

图 2-49 所示。暗门襟的搭门宽一般为 3.5 ~ 5cm。双排搭门通常为双排纽扣，如图 2-50 所示。搭门宽度可依款式及个人喜好而定，一般为 5 ~ 12cm，常取 7 ~ 8cm。纽扣一般对称地钉在左右两侧，但有时为了表现特定的造型效果，也可钉在一侧。

图 2-47

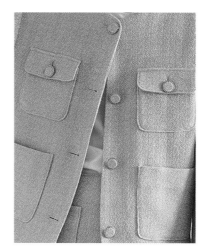

图 2-48

图 2-49

图 2-50

（2）其他部位的开襟形式：服装开襟的部位除前中心线处外，通常还可以在后中心线、肩部、腋下等处。后中心线处开襟形式如图 2-51 所示；肩部开襟形式如图 2-52 所示；腋下开襟形式如图 2-53 所示。

图 2-51

图 2-52

图 2-53

（3）门襟的造型变化：门襟的造型变化有多种，除常规的对称门襟外，还有不对称门襟。门襟按门襟止口形态还可分为直线襟、斜线襟、曲线襟等形式，按门襟长短可分为半开襟、全开襟等形式。门襟造型可依设计需要有多种变化，如图 2-54 所示。

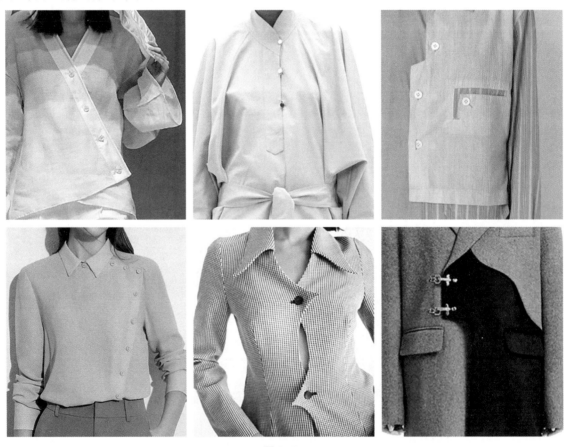

图 2-54

6.2 衣袋结构设计

衣袋是服装的主要附件之一，既有让人们放手和装物的实用功能，又有点缀美化的装饰功能。

（1）衣袋的分类：衣袋是一个总称，形式多样，有大袋、胸袋、里袋、装饰袋等形式。从结构与工艺的角度，可归纳为以下三类。

①挖袋。挖袋是在衣片上剪出袋口尺寸，内缝袋布的结构形式。因缝制工艺方法不同，可分为单嵌线袋、双嵌线袋、箱形挖袋等。从袋口外观形状上分，有直列式、横列式、斜列式、弧形式等形式。挖袋常见于西服及各类便装，如图 2-55 所示。

图 2-55

②插袋。插袋通常指在服装分割线缝中留出的口袋，如女装公主分割线上的插袋、裤装上的侧袋等。这类口袋隐蔽性好，也可加入缉明线、加袋盖或镶边等工艺形式，如图 2-56 所示。

图 2-56

③贴袋。贴袋是用面料缝贴在服装表面上的一种口袋。在结构上可分为有盖、无盖、子母贴袋（在贴袋上再做一个挖贴袋）等，在工艺上可分为缉装饰缝和不缉装饰缝两种。造型变化丰富，可做成圆形、方形、尖角形及其他各种不规则的动物或花卉形状。此外，还包括明裥袋、暗裥袋。贴袋常见于童装和休闲装中，如图 2-57、图 2-58 所示。

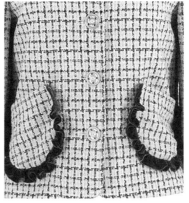

图 2-57

图 2-58

（2）衣袋的结构设计要点：衣袋同时具有功能性和装饰性，设计时应考虑以下要点。

①袋口尺寸的设计：衣袋的袋口大小应依据手的尺寸来设计。一般成年女性的手宽为 9 ~ 11cm，成年男性的手宽为 10 ~ 12cm。男女上装大袋袋口的净尺寸一般可按手宽加 3cm 左右来确定，如果有明线设计，应加明线的宽度。对于大衣类服装和裤子的侧插袋，袋口的加放量还可增大些。上装的胸袋只需用手指取物，因此袋口尺寸应小些，通常女装为 8 ~ 10cm，男装为 9 ~ 11cm。

②袋位的设计：袋位的设计应与服装的整体造型相协调。通常短衣服设计在腰节下线 5 ~ 8cm 处，长衣服设计在腰节线下 9 ~ 10cm 处的位置。袋口的前后位置通常以前胸宽线向前 0 ~ 2.5cm 为中心，视袖身形状而定，一般直身袖为 0，弯身袖为 1 ~ 2.5cm。

③衣袋造型结构的设计：设计衣袋时，特别是贴袋，原则上要与服装的整体风格相一致，也可随款式的特定要求而变化。在常规设计中，贴袋的袋底尺寸稍大于袋口尺寸，袋深又稍大于袋底。此外，贴袋的材质、颜色、图案也应与服装的整体风格相协调，这样才能达到理想的效果。

6.3 纽扣位置结构设计

通常确定第一粒和最后一粒纽扣的位置是关键，其与服装的长短、款式风格相关。纽扣按其功能可分为实用扣和看扣两种。实用扣是指扣住服装开襟、衣袋等处的纽扣，兼有实用与装饰功能。看扣是指在前胸、口袋、领角、袖口等部位钉缝的只起装饰作用的纽扣。纽扣通常为 1 粒单个排列，也可设计为 2 ~ 3 粒一组排列。纽扣的圆心在服装的前中心线上。

扣眼的位置不完全与纽扣相同，分横向与纵向两种。外套类服装多为横向扣眼，衬衫类服装多为纵向扣眼。通常横向扣眼前端偏出前中心线 0.2 ~ 0.3cm（依面料薄厚和纽扣的大小厚度而定），纵向扣眼在前中心线上，如图 2-59 所示。

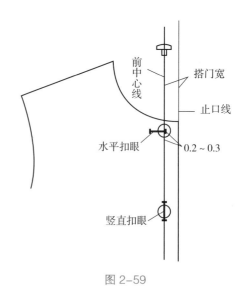

图 2-59

模块 3　袖原型的结构设计变化

1　袖原型的结构分析

衣袖的结构设计，是构成整体服装的重要因素之一。以袖原型为基础进行纸样的变化并得到新的袖型结构是一种简单明了、容易理解的学习方法。日本文化式袖原型属直身型装袖，结构形式较为简单。以其为基础进行袖结构的分析，基本符合其他袖型的结构原理。

1.1　袖的长度与造型

袖子长度的设计常受流行趋势和个人喜好的影响而变化，如图 3-1 所示。

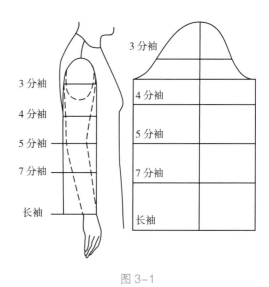

图 3-1

从造型结构上分，袖子可分为衣身与袖分开裁剪的袖和衣身与袖连裁的袖。衣身与袖分开裁剪，并在正常袖窿位置装的袖，称为圆装袖，如图 3-2（a）所示。在正常袖窿位置稍下处装的袖，称为落肩袖，如图 3-2（f）所示。衣身与袖连裁的袖又有多种不同的结构造型，如图 3-2（b）、（c）、（d）、（e）、（g）所示。从袖子的侧面构成状态来看，图 3-2（a）～（e）是较立体的袖子造型，图 3-2（f）、（g）是较平面的袖子造型。

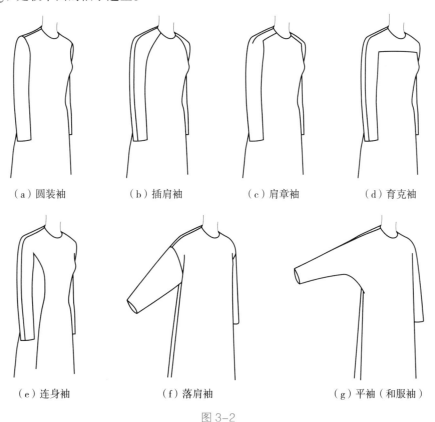

（a）圆装袖　　　（b）插肩袖　　　（c）肩章袖　　　（d）育克袖

（e）连身袖　　　（f）落肩袖　　　（g）平袖（和服袖）

图 3-2

1.2 袖原型结构与人体部位对应关系

袖子结构的构成要素主要包括袖长、袖山高、袖宽、袖下长，其与人体部位对应关系如图3-3所示。在此基础上，衣身的袖窿深度、袖窿弧线的长度与弧度、衣身及袖子设计要求的变化等，都会引起袖子结构设计的变化。

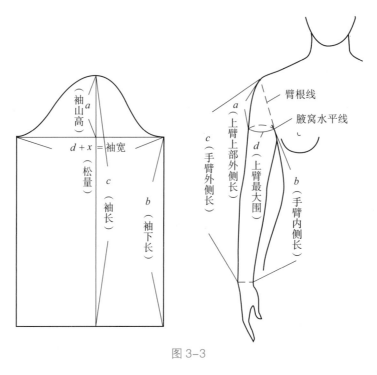

图 3-3

1.3 袖山高与衣身袖窿深关系

袖长以腋窝水平线为界分为袖山高和袖下长两部分，通常将袖窿最低位置设定在腋窝水平位稍微向下的位置，袖子的样板也随之将袖宽线定在此处。因此，袖子的袖山高度要比人体相应部位长些。文化式袖原型的袖窿深大约设定在人体腋下2cm处，如图3-4所示。

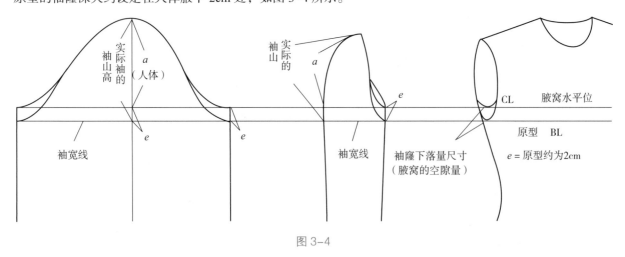

图 3-4

1.4 袖山高与绱袖位置关系

常见的装袖绱袖位置在肩峰外侧端点稍微向内一些的地方，流行变化和个人喜好都会影响绱袖位置的变化。绱袖位置不同，袖山高相应有所变化，如图3-5所示。

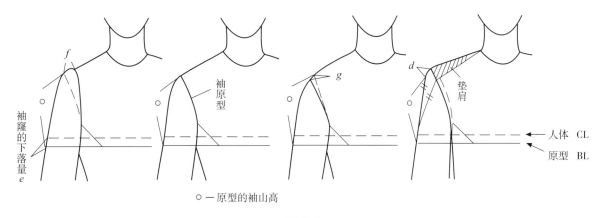

○一原型的袖山高

图 3-5

1.5　袖山高与绱袖角度关系

绱袖角度是指上臂抬起到一定程度使袖子呈现完美的状态的角度，即袖子上没有折皱，腰线和袖口没有牵扯量时的角度。绱袖角度不同，袖山高及相应的缝缩量也不同，如图 3-6 所示。

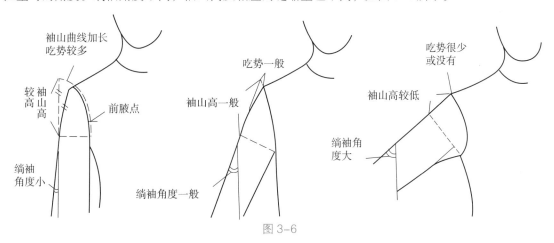

图 3-6

1.6　袖山高与袖宽关系

在衣身袖窿深不变的情况下，袖山高与袖宽成反比的关系：袖山增高，袖宽减小；袖山降低，袖宽增大，如图 3-7 所示。

成衣胸围 B 为 90～110cm，可得到袖山高与袖宽的近似公式。

（1）宽松风格：袖山高 =0～9cm，袖宽 =AH/2－（ 0.2B+ 3cm ）。

（2）较宽松风格：袖山高 = 9～13cm，袖宽 =（ 0.2B+3cm ）～（ 0.2B+1cm ）。

（3）较贴体风格：袖山高 = 13～17cm，袖宽 =（ 0.2B + 1cm ）～（ 0.2B-1cm ）。

（4）贴体风格：袖山高 ≥ 17cm，袖宽 =（ 0.2B- 1cm ）～（ 0.2B-3cm ）。

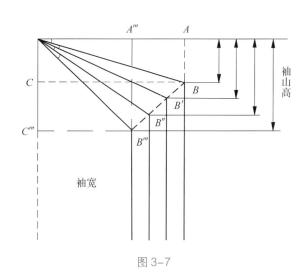

图 3-7

1.7 袖身结构与上肢形态关系

从侧面观察手臂形态，肘关节向上基本保持垂直，肘关节向下呈前摆趋势，如图3-8所示。由于手臂前倾的状态，在设计合体袖时，必须考虑与之相匹配的人体摆动趋势和袖口形态。前袖口上抬1~1.5cm，可以使袖口线与手腕弧度相符，如图3-9所示。与手臂前倾状态相对应的是袖结构设计中的袖口前偏量，如图3-10所示。具体数值见表3-1。

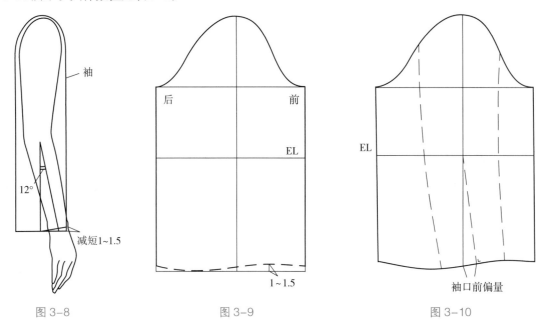

图3-8   图3-9   图3-10

表3-1　袖子造型与袖口前偏量数值表
单位：cm

袖子造型	直身袖	较直身袖	弯身袖
袖口前偏量	0~1	1~2	2~3

2　袖原型结构设计变化案例

2.1　案例一：连肩袖结构设计（图3-11）

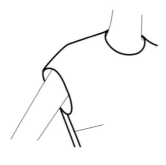

图3-11

结构制图要点（图3-12）：

（1）连肩袖没有装袖线，袖身直接由衣身延展裁出，长度盖过肩点。考虑到功能与美感，在袖窿里分散部分后肩省与前胸省浮余量作为松量。后肩省剩余量以归拔工艺处理，前胸省剩余量转移至侧缝省。

（2）后背宽与前胸宽处也要加入松量。因为连肩袖是由衣身直接裁出，加入松量可以避免袖子被臂根拉扯得厉害。

（3）考虑到袖子与手臂的贴合度及美感，应将前袖口线画成弧线，后袖口线画成浅弧线。

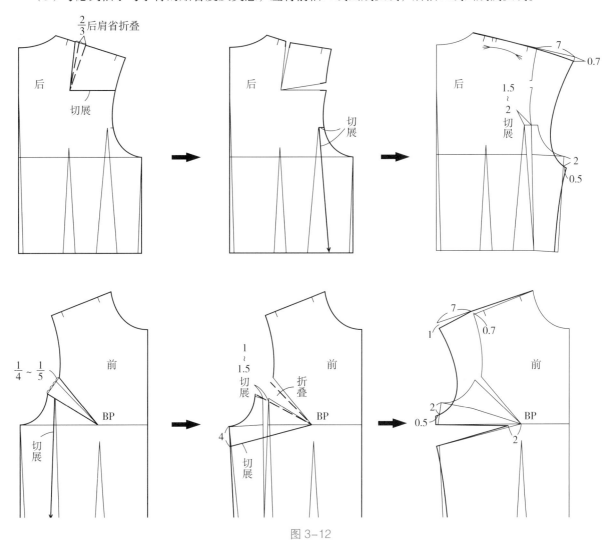

图 3-12

2.2 案例二：三分袖结构设计（图 3-13）

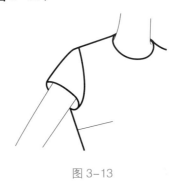

图 3-13

结构制图要点：

（1）衣身以袖窿省转移至侧缝省的原型衣为例，确定装袖止点，绘制如图 3-14 所示。

（2）在袖原型基础上定袖长，完成三分袖基础轮廓线的绘制，并画出切展线，绘制如图 3-15 所示。

（3）在袖口处拉开松量，修顺外轮廓线，绘制如图 3-16 所示。

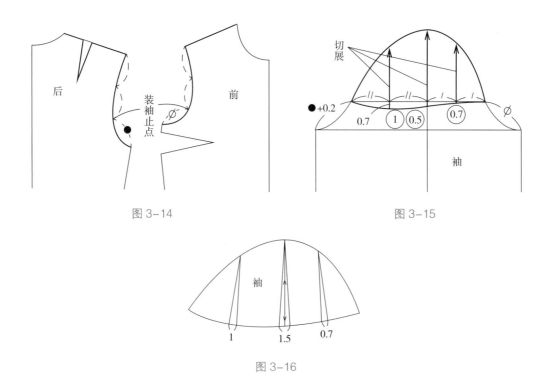

图 3-14   图 3-15

图 3-16

2.3 案例三：喇叭袖结构设计（图 3-17）。

结构制图要点：

（1）衣身以袖窿省转移至侧缝省的原型衣为例，绘制如图 3-18 所示。

（2）在袖原型基础上定袖长，完成喇叭袖基础轮廓线的绘制，并画出切展线，绘制如图 3-19 所示。

（3）在袖口处拉开松量，修顺外轮廓线，绘制如图 3-20 所示。

图 3-17   图 3-18

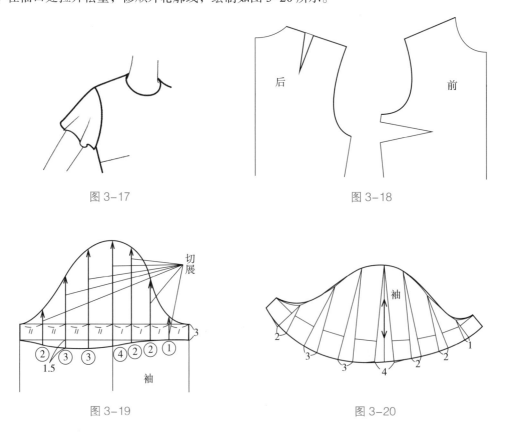

图 3-19   图 3-20

2.4　案例四：四分袖结构设计（图 3-21）

图 3-21

结构制图要点：

（1）衣身以袖窿省转移至侧缝省的原型衣为例，同图 3-18。

（2）在袖原型基础上确定袖长，修正前、后袖侧缝下端为直角，完成四分袖结构制图，绘制如图 3-22 所示。

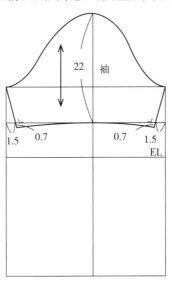

图 3-22

2.5　案例五：袖山抽褶袖结构设计

袖山抽褶的造型是一种常见的袖型设计，即在袖山部位剪开，并拉展抽褶量的设计。可依造型需要选择不同的纸样变化。

（1）袖山抽褶，袖宽不变（图 3-23）。

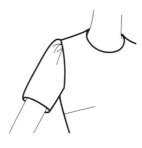

图 3-23

结构制图要点：

①衣身以袖窿省转移至侧缝省的原型衣为例，确定抽褶止点，绘制如图 3-24 所示。

②图 3-23 的结构制图可以在四分袖结构制图图 3-22 的基础上变化得到，绘制如图 3-25 所示。

③依款式图画出切展线并拉开抽褶量，袖山顶部追加 1cm，画顺袖山弧线，确定抽褶止点。最终，袖山部分抽褶，袖宽不变，绘制如图 3-25 所示。

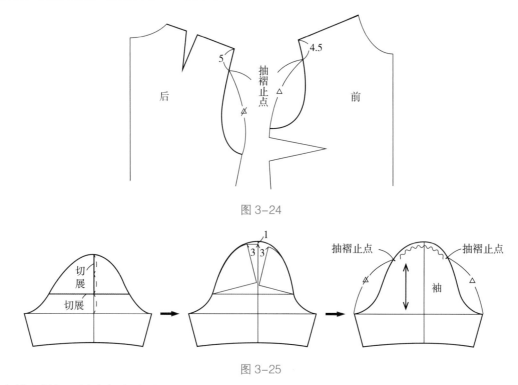

图 3-24

图 3-25

（2）袖山抽褶，袖宽加大（图 3-26）。

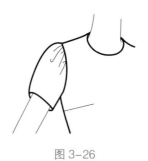

图 3-26

结构制图要点：

①衣身以袖窿省转移至侧缝省的原型衣为例，确定抽褶止点，绘制如图 3-27 所示。

②在四分袖结构制图 3-22 的基础上，将前、后袖宽分别四等分，画出切展线，绘制如图 3-28 所示。

③切展后拉开抽褶量，袖山顶部追加 3cm，画顺袖山弧线，确定抽褶止点。最终，袖山部分抽褶，袖宽加宽，绘制如图 3-28 所示。

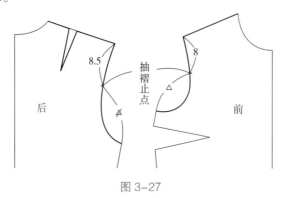

图 3-27

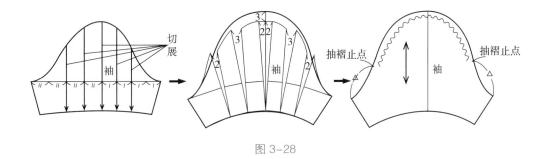

图 3-28

2.6 案例六：郁金香袖的结构设计（图 3-29）

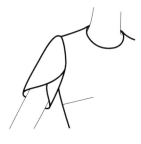

图 3-29

结构制图要点（图 3-30）：

（1）郁金香袖的结构制图可以在四分袖结构制图（图 3-22）的基础上变化得到。

（2）依款式造型画出分割线，合并纸样。

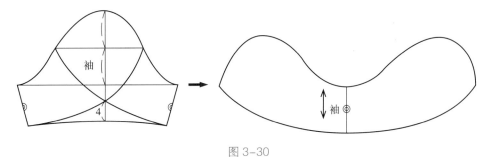

图 3-30

2.7 案例七：横向分割灯笼袖的结构设计（图 3-31）

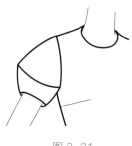

图 3-31

结构制图要点：

（1）在袖原型基础上，绘制出灯笼袖的基础袖型。依款式造型画出横向分割线和纵向切展线，绘制如图 3-32 所示。

（2）分别拉开各切展线处的展开量，调整分割线处至等长。修顺外轮廓弧线，绘制如图 3-33 所示。

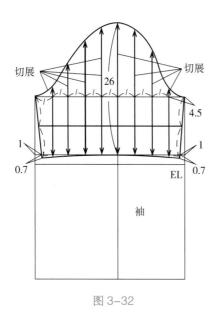

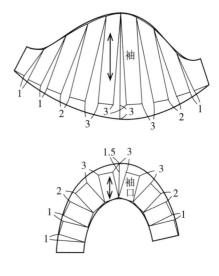

图 3-32

图 3-33

2.8 案例八：分割加褶皱袖结构设计（图 3-34）

结构制图要点：

（1）在袖原型基础上绘制出基础袖型，并依款式造型画出分割线和切展弧线，绘制如图 3-35 所示。

（2）在袖山中线处拉开抽褶量，袖山部位以褶裥装饰，分割线部位以抽褶装饰。以 A 点、B 点为基点向下切展前、后袖底，拉开最小缝份量，绘制如图 3-36 所示。

（3）修正分割弧线，使 A 点、B 点分别退至 C 点、D 点，确定抽褶止点，修顺袖山弧线与外轮廓弧线，绘制如图 3-36 所示。

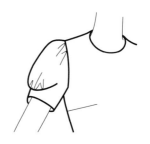

图 3-34

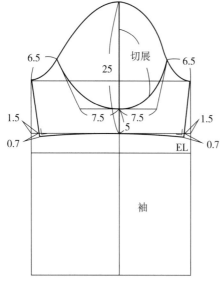

图 3-35

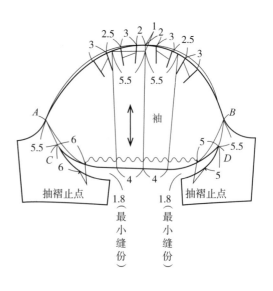

图 3-36

3 一片合体袖结构设计变化案例

3.1 一片合体袖的结构制图

一片合体袖的款式图如图 3-37 所示，袖山高同袖原型的袖山高一致，其结构制图可以在袖原型的基础上完成。

结构制图要点：

（1）在袖原型基础上，将前、后袖宽分成两等份，画出袖折线。与袖山线的交点标记为 A 点和 B 点，绘制如图 3-38 所示。

（2）画袖子轮廓线。在 EL 上前袖折线向内 0.5cm 处取 A' 点，袖口处向折线外 0.5cm 取 A'' 点，连接 A～A'～A''。将后袖折线与 A'' 点之间的距离分成 4 等份，袖口尺寸为袖宽/2×3/4-1cm，此点为 B'' 点。后袖部分，连接点 B 和 B''，在 EL 处将折线之间的距离分成两等份，取中心点 B'。连接 B～B'～B'' 并延长。画一条袖口线，使其垂直连接到袖口中点。连接袖口中点和 EL 处的袖线画袖偏线，绘制如图 3-39 所示。

（3）展开成一片袖。从 E 点分别画垂直于前、后折线的线，用作引导线。在引导线上画出前、后袖子的袖山线，连顺 A～F'，B～D'，使 A～F'=A～F、B～D'=B～D。前袖口线和 EL 处分别取与折线内相同的尺寸，并与 F' 点连接。同样，后袖部分也取相同的尺寸，并与 D' 点连接。在后 EL 处取前、后袖缝尺寸差值 2/3 的量为袖肘省，剩余差值为缩缝量，绘制如图 3-40 所示。

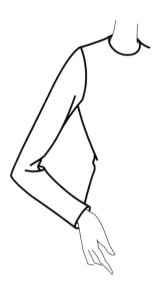

图 3-37

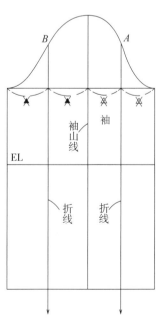

图 3-38

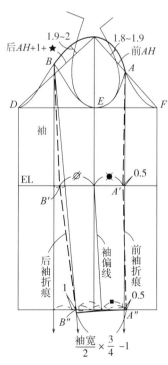

图 3-39

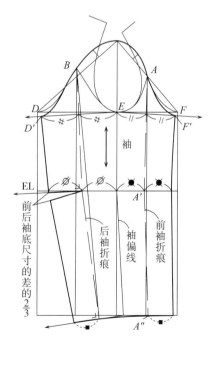

图 3-40

3.2 一片合体袖的省道转移

以肘点为中心，可以进行袖肘省的省道转移，如图 3-41 所示。

3.3 案例一：袖肘省转移为袖口省（图 3-42）

结构制图要点（图 3-43）：

（1）在一片合体袖基础上画出指向袖口的切展线。

（2）折叠袖肘省，展开切线，修正省尖位置，可距袖肘线 2~3cm。

（3）修顺外轮廓线。

3.4 案例二：袖肘省转移为袖山省（图 3-44）

结构制图要点（图 3-45）：

（1）在一片合体袖基础上画出指向袖山的切展线。

（2）折叠袖肘省，打开切展线，修正省尖位置，可距袖肘线 2~3cm。

（3）修顺外轮廓线。

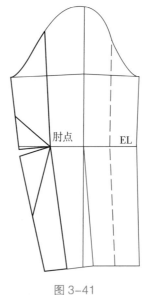
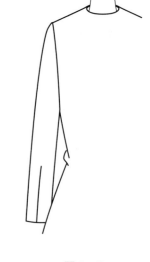

图 3-41　　　　　图 3-42

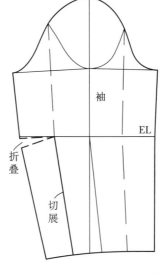
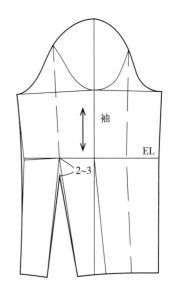

图 3-43

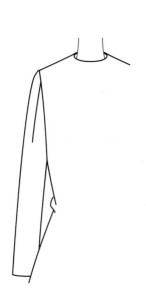

图 3-44

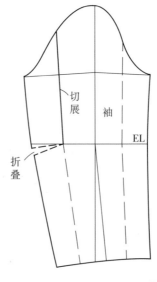
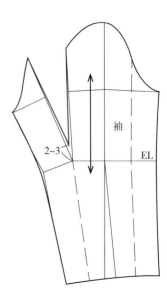

图 3-45

3.5 案例三：燕尾袖结构设计（图3-46）

结构制图要点：

在一片合体袖袖口省转移的基础上，依据造型需要画出袖口燕尾结构，绘制如图3-47所示。

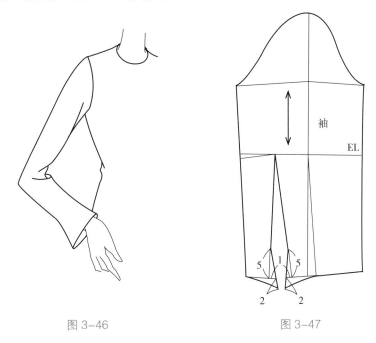

图3-46　　　　　　　　　　　　　　图3-47

3.6 案例四：礼服袖结构设计（图3-48）

结构制图要点：

（1）在一片合体袖袖口省转移的基础上画切展线，绘制如图3-49所示。

（2）切展袖口并拉出展开量，画出袖口搭门、纽扣、扣眼位置，绘制如图3-50所示。

（3）修顺外轮廓线，绘制如图3-50所示。

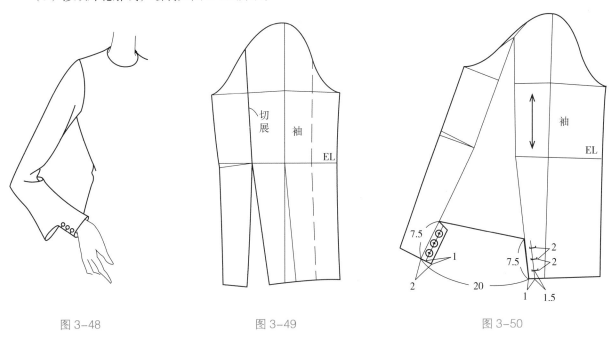

图3-48　　　　　　　图3-49　　　　　　　图3-50

模块4　衣领结构设计变化

1　衣领结构及构成要素

衣领位于头部的下方，用于装饰颈部，是服装衣身结构构成要素中重要的部分，造型变化多样，其结构设计应考虑到颈部、肩部、胸部等部位的形态。

1.1　衣领结构

（1）领窝：衣领结构最基本的部分，是安装领身或独自成为衣领造型的部分。

（2）领座：可单独成为衣领，也可与翻领缝合或连裁在一起形成衣领的部分。

（3）翻领：必须与领座缝合或连裁在一起的领身部分。

（4）驳头：与衣身相连，并且向外翻折的领身部分。

1.2　衣领构成要素

（1）装领线，也称领下口线，衣领与领窝缝合在一起的部分。

（2）领上口线，立领最上沿的部分。

（3）翻折线，将领座与翻领分开的折线。

（4）驳折线，驳头向外翻折形成的折线。

（5）领外轮廓线，构成翻领外轮廓的结构线。

（6）串口线，将领身与驳头部分缝合在一起的缝道。

（7）翻折止点，驳头翻折的最低位置。

衣领的款式造型变化丰富，基本领型包括领围线类结构、立领类结构、衬衫领类结构、平翻领类结构、翻驳领类结构等。其主要领型的构成要素及名称见图4-1。领围线类结构无领身部分，只有领窝部分，并且以领窝部分的形状为衣领造型线，形式多样。

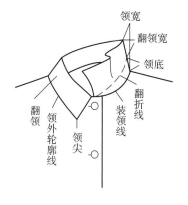

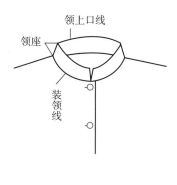

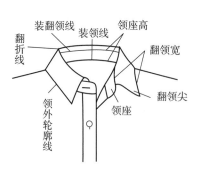

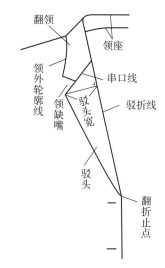

图4-1

2　领围线结构设计变化案例

2.1　案例一：V型领的结构设计（图4-2）

结构制图要点：V型领围线从侧颈点（SNP）向前中心线的弧线画顺，贴边的肩线稍向前衣身移动，做缝合时的薄化处理，绘制如图4-3所示。

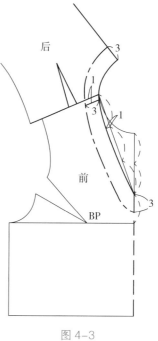

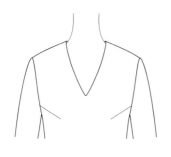

图4-2

图4-3

2.2　案例二：U型领的结构设计（图4-4）

结构制图要点：

（1）开深前领围，领围易浮起，折叠领围浮起量（0.3~0.5cm）转移至袖窿省，绘制如图4-5所示。

（2）合并领围弧线处浮起量后，前领围宽度即前横开领变小，绘制如图4-6所示。

（3）画前领围线贴边，绘制如图4-7所示。

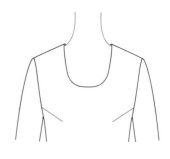

图4-4

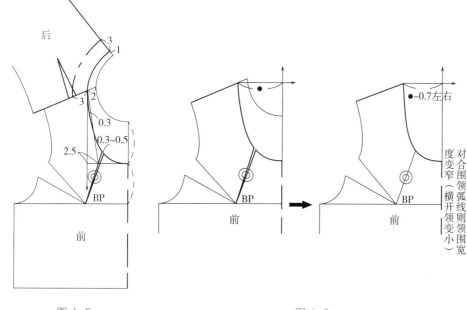

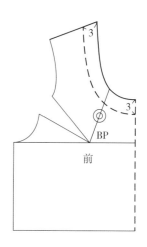

图4-5　　　　　　　　　　图4-6　　　　　　　　　　图4-7

2.3 案例三：一字领的结构设计（图4-8）

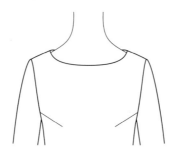

图4-8

结构制图要点：

（1）后衣身肩省转移为领口省，绘制如图4-9所示。

（2）一字领的横开领较宽，前领围易浮起，折叠领围浮起量（0.3～0.5cm）转移至胸省以减小领围尺寸。调整后领口省的省尖位置，绘制如图4-10所示。

（3）后衣身领围贴边在领口省处做纸样拼合，前、后衣身领口贴边绘制如图4-11所示。

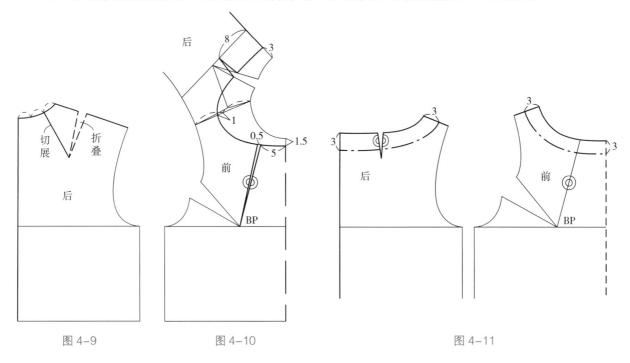

图4-9　　　　　　　图4-10　　　　　　　　　图4-11

2.4 案例四：方型领的结构设计（图4-12）

结构制图要点：

（1）在肩线处横开较大的方型领，同一字领一样，需把前领围处的浮起量转移至胸省处，以减小领围尺寸，而且后肩省也需转移至后领围处，绘制如图4-13所示。

（2）后衣身领围贴边在领口省处做纸样拼合，前、后衣身领口贴边绘制如图4-14所示。

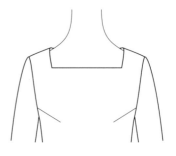

图4-12

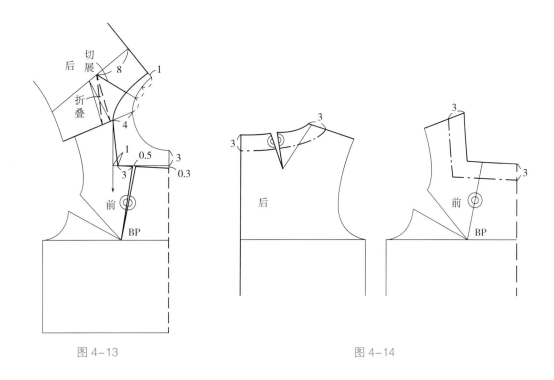

图 4-13　　　　　　　　　　图 4-14

3　立领结构设计变化案例

立领造型简单，是没有翻领部分的领型，常见的有基本式立领、前领口下落式立领、连衣式立领等形式。立领的宽度、装领线的形态、领上口线的长度以及与颈部的贴合程度都是其结构设计的要素，其中装领线和领上口线的长度差是决定结构造型的重要因素。

3.1　案例一：基本式立领的结构设计（图 4-15、图 4-16）

此款领型形状接近长方形，是立领的基本型。根据领子与颈部间的空隙大小可以分为 A 款和 B 款。A款直立于衣身装领线上，领上口稍微远离颈部，如图 4-15 所示。B 款是较贴近颈部的领型，如图 4-16 所示，是比较常用的立领结构。

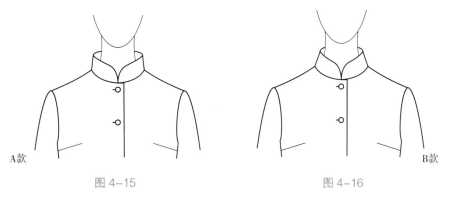

图 4-15　　　　　　　　　　图 4-16

结构制图要点：

（1）前、后衣身侧颈点（SNP）外扩 0.3cm，前衣身搭门及贴边绘制如图 4-17 所示。

（2）为避免穿着时领前端交叉、重叠，所以在领部前端要去掉一定的量，绘制如图 4-18 所示。

（3）在 A 款立领结构图中，为方便装领可把前领弧线曲度稍微画得大一些。通常装领尺寸比衣身领围尺寸稍大些（0.2～0.3cm），这是由于侧颈点处弧线曲度较大，装领时需稍加松量，绘制如图 4-19 所示。

（4）在 B 款立领结构图中，衣领的装领线呈曲线上翘，绘制如图 4-20 所示。

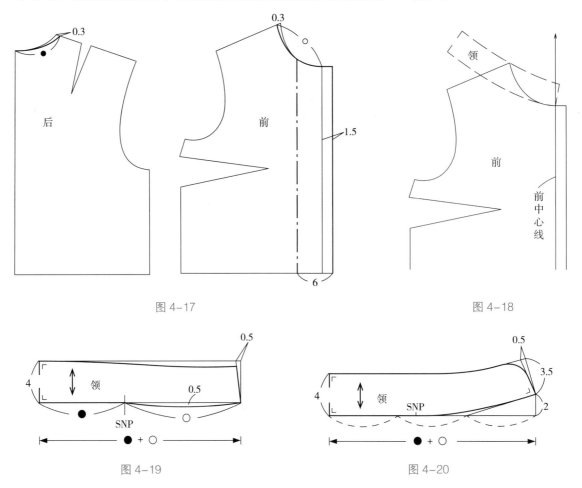

图 4-17　　　　　　　　　　　　　　　　　　　图 4-18

图 4-19　　　　　　　　　　　　　　　　　图 4-20

3.2　案例二：前领口下落式立领的结构设计（图 4-21、图 4-22）

前领口下落式立领造型特征为：后领部立起，前领口下落量较大。根据前领口下落量可以分为 A 款和 B 款。A 款如图 4-21 所示，前领口部分与衣身有一定角度，还是呈立起状态的。B 款如图 4-22 所示，前领口部分与衣身趋于平服，在同一平面内。

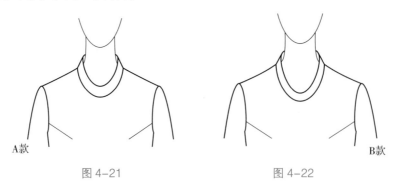

图 4-21　　　　　　　　图 4-22

结构制图要点：

（1）A 款、B 款的前、后衣身装领线变化绘制如图 4-23 所示。

（2）A 款中衣领的装领线起翘量随下落量而加大，绘制如图 4-24 所示。

（3）B 款中前领口大幅度下落时，前中心线处的衣领部分与衣身衣领部分缝合的曲线吻合性很重要，所以制图时在衣身纸样上直接画衣领，绘制如图 4-25 所示。

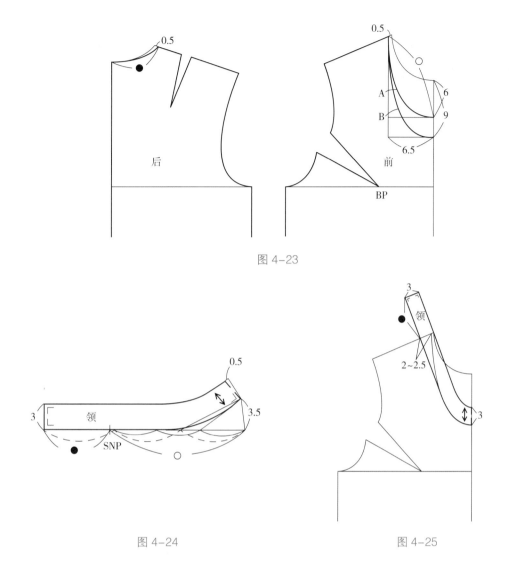

图 4-23

图 4-24

图 4-25

3.3 案例三：连衣式立领的结构设计

连衣式立领是立领领身与衣身整体或部分相连的领型，既有立领的造型特征，又有与衣身相连后形成的独特风格，常采用收省的形式达到领身与颈部的贴合。此处以两款结构造型不同的领型为例分析，A 款如图 4-26、图 4-27 所示，B 款如图 4-30、图 4-31 所示。

（1）A 款：

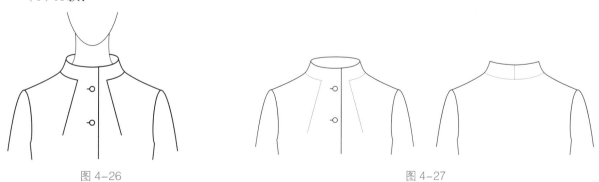

图 4-26

图 4-27

结构制图要点：

①因连衣式立领结构的局限，领围弧线不能完全贴合人体的颈部围线，所以需要将领围适当放大。后衣身合并后肩省并转移为领口省，修顺肩线。领口省的长度、位置可依款式调整，绘制如图4-28所示。

②前衣身折叠部分袖窿省，转移为领口省，修正省尖长度。调整前衣身肩线与后衣身肩线至等长，绘制如图4-29所示。

③折叠前、后领口省，合并前、后衣身领口，修顺上领口轮廓线。复核领上口尺寸和前、后肩线长度。

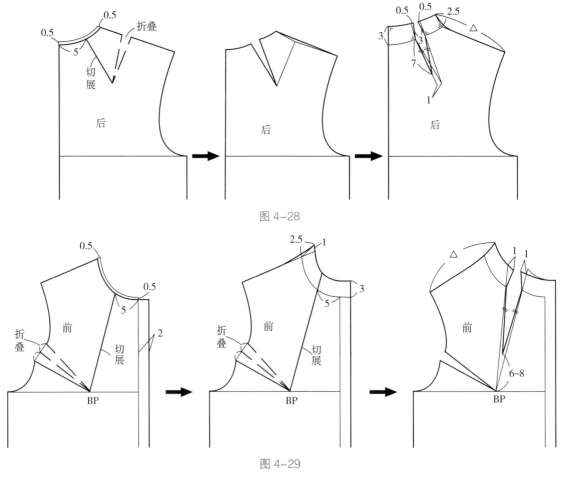

图4-28

图4-29

（2）B款：

图4-30

图4-31

结构制图要点：

前、后领围适当放大，依款式设定前领口省位置，交于领围弧线。全部袖窿省转移为领口省，衣身侧颈点与领片之间的空隙（△）要满足两个缝份的量，绘制如图4-32所示。

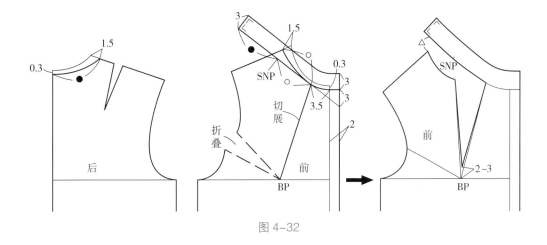

图 4-32

4 衬衫领结构设计变化案例

在立领的基础上加上翻领部分，就变成有领座的衬衫领。衬衫领可分为两大类：领座与翻领一体的衬衫领、领座与翻领分离的衬衫领。

4.1 案例一：领座与翻领一体衬衫领的结构设计（图 4-33）

此款衬衫领的结构特征为：装领线前端呈下弧曲线，着装时领部翻折线与颈部会有一定的空隙。通常在这款衬衫领中下弧量最大为总领宽左右。

图 4-33

（1）领座与翻领一体衬衫领的结构设计原理及制图要点：

①在前、后衣片上画好领型，绘制如图 4-34 所示。

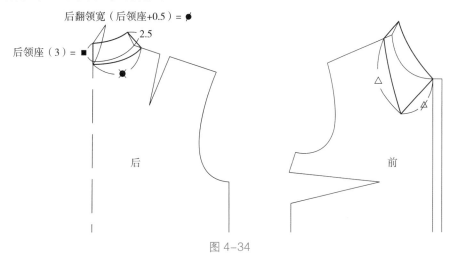

图 4-34

②画垂线，在水平线上取前、后领围尺寸，在垂线上取领座与后翻领宽，然后画出领型。后翻领宽要比后领座尺寸大，这样领子翻折后不至于露出装领线。绘制如图 4-35 所示。

③在侧颈点前后切展并加入后领围不足量，绘制如图 4-36 所示，这样就在垂直线上得到图 4-36 中尺寸 a。在总领宽不变的前提下，a 越小，领座越高；a 越大，领外围尺寸越大，领座越低。若 a 继续加大，则逐渐形成平翻领结构。根据面料材质及穿着者的肩倾斜角不同，此结果也有所不同。

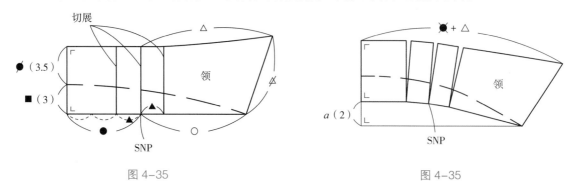

图 4-35　　　　　　　　　　　　　　　图 4-35

（2）领座与翻领一体衬衫领的结构设计：

①衣身前、后领口变化，绘制如图 4-37 所示。

②衣领结构绘制如图 4-38 所示。

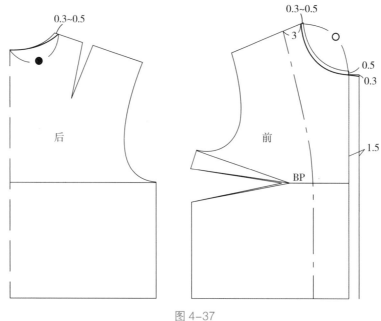

图 4-37

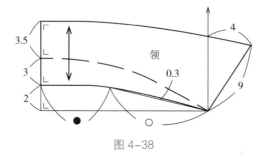

图 4-38

4.2 案例二：领座与翻领分离的衬衫领的结构设计（图 4-39）

此款衬衫领的结构特征是以翻折线为分割线，将领座与翻领分离为两部分，着装时要比领座与翻领一体衬衫领合体。

图 4-39

（1）领座与翻领分离的衬衫领的结构设计原理及制图要点：

①衣身前、后领口变化，绘制如图 4-40 所示。

②衣领结构绘制如图 4-41 所示。装领线前端曲线弧度规则与立领相同。领座宽 a 和翻领宽 b 之间的差越大，翻领下落量 d 越大。在领座宽 a 和翻领宽 b 不变的情况下，d 和 c 相等时翻领与领座贴合较紧，翻领下落量 d 越大，翻领外口弧线的松量就越大，翻领与领座空隙较大。

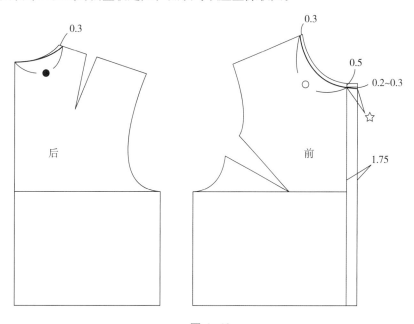

图 4-40

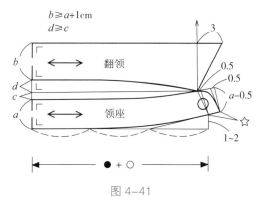

图 4-41

（2）翻领外轮廓松量的制图原理：图 4-42 是领座和翻领的结构关系模型。图中 DC 为领座后宽，DE 为翻领后宽，BF 为翻领前宽，BF' 为翻领后宽，BA 为领座前宽。考虑翻领的外轮廓松量时，首先将其理想化，使领座后宽和翻领后宽相等，即 $BF'=DE$。从图中可以看出，改变 BF 为 BF' 对侧后领部没有影响，BF' 和 BF 的差异只体现在翻领前部造型的差异。

图 4-43 中，$BNP'\sim E\sim F'$ 的弧线是翻领理想结构中翻领的外轮廓线在衣身上的轨迹，由于基础领窝的宽和深每增大 a，其周长就增加 $2.4a$，所以 $BNP'\sim E\sim F'$ 弧线的轨迹长度比 $BNP\sim SNP\sim FNP$ 弧线的轨迹长度要长 $2.4a$。$2.4a$ 分配到整个弧线轨迹中，经过近似处理为 $1.6\times$（翻领后宽 – 领座后宽），即翻领的外轮廓线松量只要考虑在整个翻领外轮廓线上增加 $1.6\times$（翻领后宽 – 领座后宽）的松量，翻领的前领部只要按造型画准便可。示意图如图 4-44 、图 4-45 所示。

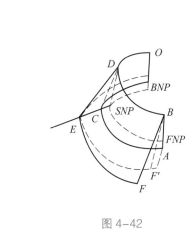

图 4-42

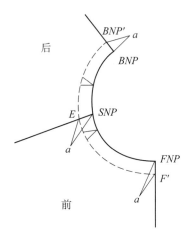

图 4-43

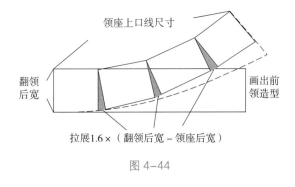

图 4-44

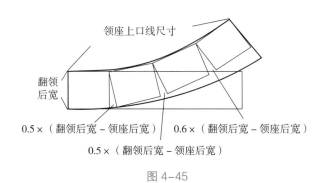

图 4-45

5 平翻领结构设计变化案例

平翻领是平铺在肩部的领型，常见平翻领有海军领、披肩领等。

5.1 案例一：基本型平领的结构设计（图 4-46）

此款平领常见于童装与女装中，利用衣身领口弧线制图，与人体的贴合性较好。前、后衣身肩部搭合量可依实际需要调整。

图 4-46

结构制图要点：

（1）衣身前、后领口变化，绘制如图4-47所示。

（2）衣领结构绘制如图4-48所示。以衣身的领口线、肩线为基础制图，将前、后肩线以颈侧点（SNP）为基点重合画领。重叠量（或角度）少的情况下为平领，多的情况下，则领座变高，领型接近领座与领面一体的衬衫领。重叠量为前肩宽的1/4时，领座高为0.8～1cm。后领下口线要比衣身领围线短，这样会让领子的下口线比衣身领围尺寸短一些，在装领时需适当拔长，这样衣领翻折后会比较平服。在前领装领止点附近，领座的弧度要比衣身的领围弧度小些，这是为了使前领在装领止点处也可以稍稍立起来一些。

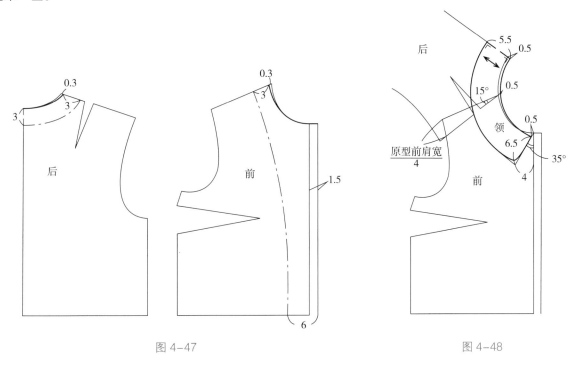

图4-47　　　　　　　　　　　　　　图4-48

5.2 案例二：海军领的结构设计（图4-49）

海军领的结构制图原理与基本型平领相同，只是前领深加大，领子造型有所变化。

图4-49

结构制图要点：

（1）衣身前、后领口变化，绘制如图4-50所示。

（2）衣领结构绘制如图4-51所示。前、后肩线重叠量为（前肩宽/8cm）或重叠角度为8°，重叠量加大，则领外口弧线尺寸变小，领座增高。

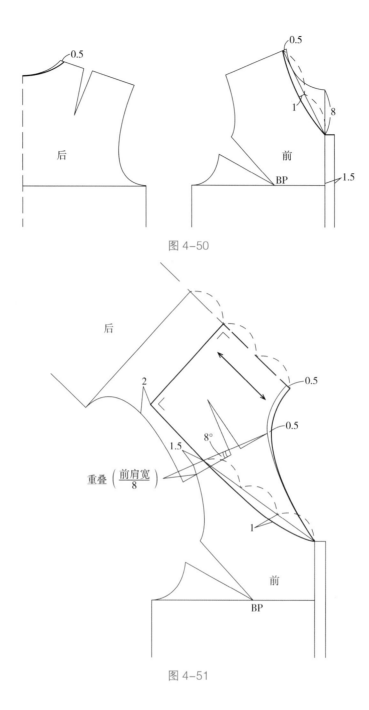

图 4-50

图 4-51

6 翻驳领结构设计变化案例

翻驳领造型是在衣身领口处缝合独立领片结构的同时，将前衣身的一部分翻折过来作为驳头的领型。在便装中常见的翻驳领结构有长方领、西服领等。

6.1 案例一：长方领的结构设计（图 4-52）

此款领型因其领片结构形状近似长方形而得名。这种领子可以立起来，也可以翻下来，翻折线位置经常变化，所以制图时领部不用画翻折线，前衣身的翻折线可以理解为假定线。

图 4-52

结构制图要点：

（1）衣身前、后领口在侧颈点处各外放 0.3cm。以外放点为基点，在肩线延长线上取 2.3cm 作为领座量，确定衣领的翻折止点及翻折线。衣身的领口弧线分两段制图：首先在侧颈点至领口弧线的上 1/3 处，参照原型领口弧线画线，其次在该三等分点至装领止点画直线。绘制如图 4-53 所示。

（2）画长方形领型，为方便装领，调整装领线的倾斜度。由于领外口线为直线，因而领面与领里也可相连成一片样板。绘制如图 4-54 所示。

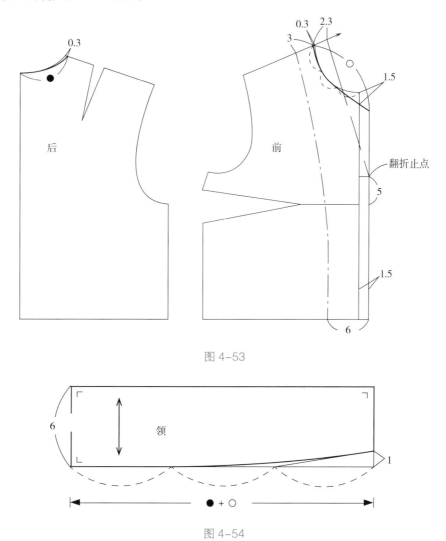

图 4-53

图 4-54

6.2　案例二：西服领的结构设计（图 4-55）

这是一款基本型的翻驳领结构，翻领与衣身连起来翻折的领型，所以衣领与衣身的翻折线必须自然连接。驳头与衣身相连，可直接在衣身上画领子，驳头与领嘴的造型可依设计变化，形状可多样。

（1）西服领结构设计原理及制图要点：

①对合前、后肩线，拷贝后衣身，绘制如图 4-56 所示。

②肩线上距侧颈点 0.5cm 处定为 A 点，为领部制图的基点。以此基点为准，在肩线延长线上取前领座尺寸定为 B 点。绘制如图 4-56 所示。

③在前中心线处画搭门量。确定领口下落位置，在止口线上确定翻

图 4-55

折止点，连接 B 点与翻折止点并延长，绘制如图 4-56 所示。

④在前衣身上画领型，并以翻折线为对称轴，画对称领型，绘制如图 4-57 所示。

⑤在后中心线上量取领座尺寸 2.5cm，翻折后量取翻领宽 3.5cm，以弧线连接该点与前领线端点，则可得到后领的外围尺寸△。绘制如图 4-57 所示。

⑥由于前领口敞开，所以衣领的后领座要比侧领座高。同时，为避免衣领翻折后露出装领线，后翻领宽要比后领座尺寸大。绘制如图 4-58 所示。

⑦过 A 点画与翻折线平行的线，并在上面量取后领围尺寸●定为 C 点，过 C 点画垂线，取领座宽 2.5cm 和翻领宽 3.5cm 后与前领线连接。绘制如图 4-59 所示。

⑧以 A 点为基点旋转后领型，使衣领外围线达到图 4-57 中所求的领外口尺寸。然后在翻领的后中心处画垂线，连顺领外围线。C 点移动量即平面作图时领的倒伏量。绘制如图 4-59 所示。

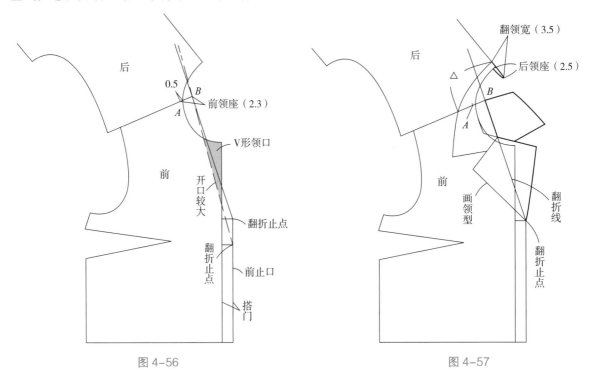

图 4-56　　　　　　　　　　　　　　　　图 4-57

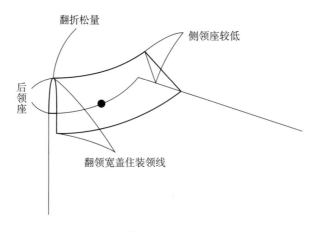

图 4-58

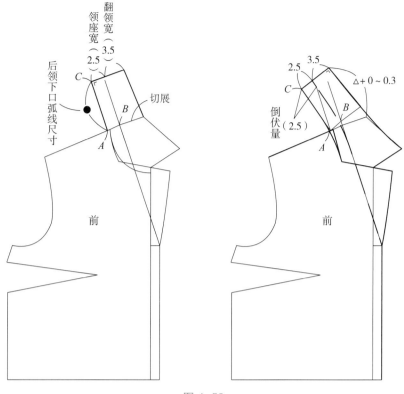

图 4-59

（2）西服领的结构设计：

结构制图要点：

①在前、后衣身领口颈侧点处外放 0.3cm，前中心线处加入搭门量，肩线上距新颈侧点 0.5cm 处定为 A 点。由 A 点在肩线延长线上取前领座量 2.3cm，定为 B 点。绘制如图 4-60 所示。

②确定领翻折止点，连接该点与 B 点为翻折线，绘制如图 4-61 所示。

③画衣身领口线与领部造型（驳头），绘制如图 4-61 所示。

④过 A 点画翻折线的平行线，并在该线上取后领口尺寸定为 C 点，以 A 点为基点，C 点移动 2.5cm 后连接 A 点，画顺领下口线。绘制如图 4-60 所示。

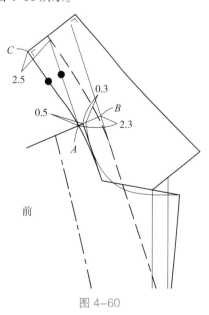

图 4-60

⑤画 C 点移动后线的垂线，并在该线上取领座、翻领宽尺寸，画顺领外口弧线。绘制如图 4-61 所示。

⑥从后领中心领座点处开始，过侧领座点画翻折线，自然平行于已修顺的后领下口线。绘制如图 4-61 所示。

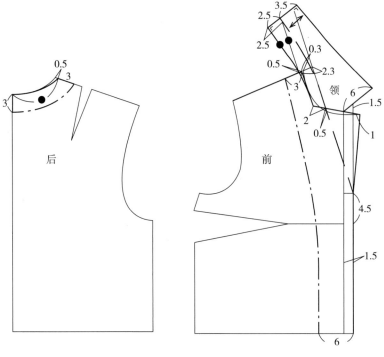

图 4-61

模块 5　基础裙结构设计变化

　　裙装的历史在女性服装中是最悠久的，随着成衣时尚的发展，裙装的造型变化越加丰富，富有女性特征，褶裥、抽褶、塔克等设计要素经常出现在其结构设计中。在各种变化中寻找其结构设计的基本规律，是进一步学习的基础。

1　裙装结构分类

　　从古埃及人们腰间缠绕的布片，到今天裙装的多元化发展，长裙、超短裙等各种裙型及各种时尚元素在裙结构中的不断出现，极大地丰富了裙装的款式造型和结构构成。在品种繁多的款式中，可大致按以下方面进行分类。

1.1　按裙装长度分类（图 5-1）

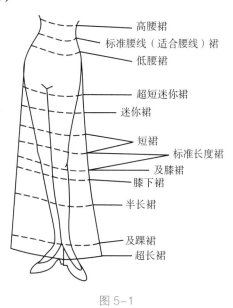

高腰裙
标准腰线（适合腰线）裙
低腰裙
超短迷你裙
迷你裙
短裙
标准长度裙
及膝裙
膝下裙
半长裙
及踝裙
超长裙

图 5-1

1.2　按裙装腰围部位形态分类（图 5-2）

WL

低腰裙　　无腰裙　　装腰裙　　高腰裙　　连腰裙　　连衣裙

图 5-2

1.3 按裙装摆围大小分类（图5-3）

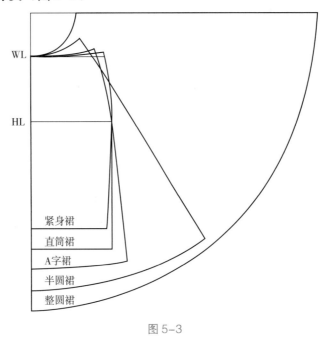

图5-3

2 基础裙各部位名称（图5-4）

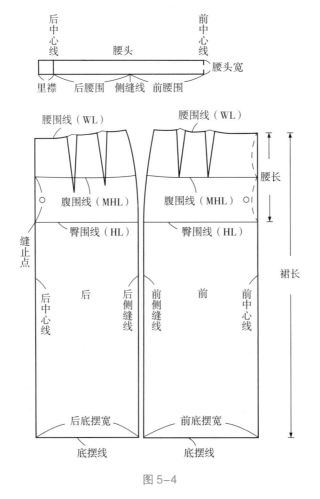

图5-4

3 基础裙结构制图

基础裙为紧身裙结构，是一款比较典型的半身裙款式，适合各年龄段和多种场合穿着，裙长可依据流行和个人喜好选择。在结构制图时根据裙子长度配合步行的运动量，在后中心线处加入开衩，以弥补裙幅的不足（图5-5、图5-6）。具体规格尺寸设计见表5-1。

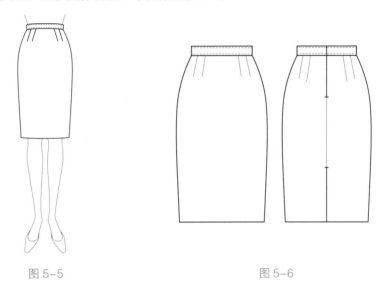

图5-5   图5-6

表5-1   规格尺寸表   单位：cm

号型	尺寸	部位				
		裙长	腰围	臀围	腰长	腰宽
160/68A	净体尺寸	—	68	90	18	—
	成品尺寸	63	69	94	18	3

3.1 基础裙制图说明

本书基础裙结构图以号型为160/68A下装规格的尺寸制图。表5-1中裙长的成品尺寸是从腰围线到裙摆处的长度加上腰宽或减去低腰量的实际尺寸。本书中的 W、H 分别表示净腰围、净臀围尺寸。

基础裙制图常用尺寸参考：

腰围尺寸：号型为160/68A规格的腰围尺寸为68cm，档差为4cm，即身高每增减5cm，腰围尺寸随之增减4cm，如号型为165/72A的腰围尺寸为68+4=72cm。

臀围尺寸：号型为160/68A规格的臀围尺寸为90cm，档差为3.6cm，即身高每增减5cm，臀围尺寸随之增减3.6cm，如号型为165/72A的臀围尺寸为90+3.6=93.6cm。

腰长尺寸：号型为160/68A规格的腰长尺寸为18cm，档差为0.5cm，即身高每增减5cm，腰长尺寸随之增减0.5cm，如号型为165/72A的腰长尺寸为18+0.5=18.5cm。

膝长尺寸（从前身腰围线量到髌骨下端的尺寸）：号型为160/68A规格的膝长尺寸为58.8cm，档差为1.7cm，即身高每增减5cm，膝长尺寸随之增减1.7cm，如号型为165/72A的膝长尺寸为58.8+1.7=60.5cm。

腰至脚踝处尺寸：号型为160/68A规格的膝长尺寸为91cm，档差为2.7cm，即身高每增减5cm，腰至脚踝处尺寸随之增减2.7cm，如号型为165/72A的腰至脚踝处尺寸为91+2.7=93.7cm。

其中，膝长尺寸与腰至脚踝处尺寸可作为设计裙长结构尺寸的参考依据。

3.2　基础裙（紧身裙）结构制图（图5-7）

（1）画基础线：以裙长减去腰宽后的60cm为长，以$H/2+2cm$尺寸为宽绘制矩形（2cm为必需的基本松量）。在腰长18cm处画臀围水平线。

（2）画侧缝线：臀围水平线上进行二等分，等分点向后中心线方向移动1cm处向下作垂线。从侧面看，比较均衡的侧缝位置是在二等分位置向后1cm处。

（3）腰围必需尺寸：在腰围总体上加1cm作为松量，向上延长侧缝线，如图5-4所示，在腰围处加入2cm的前后差，腰围的前后差根据臀部的起翘程度而变化，臀部的起翘程度小，则前后差变小。

（4）画侧缝弧线和腰围线：在前腰围线上量取（$W+1$）/4+2cm，把到侧缝线距离的1/3余量取为前、后侧缝的位置，并以弧线绘制侧缝。为适应腰部的胯骨形态，将侧缝线过腰围线向上起翘0.7～1.2cm，后中心线下落0～1cm，以适应人体后腰线稍低的体型变化。画顺前、后腰围线。

（5）腰省位置：前、后臀围尺寸各三等分，并向上引垂线，以此作为基准画前、后各两个腰省的位置。与身体的胖度无关，无论从前面、后面、侧面哪个方向来看，以三等分为基准的腰省位置都比较均衡。

（6）画腰省：根据正常人体后臀突大于前腹突的体态特征，后片腰围处省量多，前片腰围处省量少是必要的。前省量的分配要考虑腰髋部和大腿部的突出，与靠近前中心线方向的省量相比，靠近侧缝线的省量多是有必要的。后片因为省量大，可以均分在两个省中。省的长度决定了把臀部和腹部突出部位包覆得是否自然、优美。前片省尖在腹围线位置，后片省尖在臀围线上提高5～6cm。此外，省的长度因省量也有

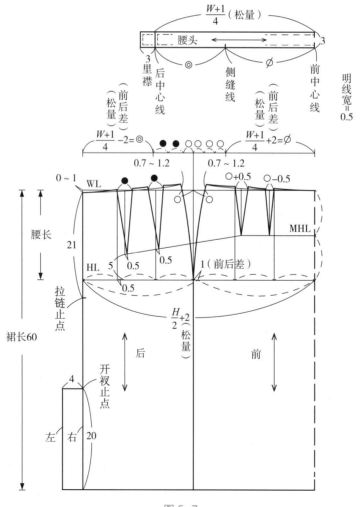

图5-7

不同，腹围的松量大约是臀围松量的 1/2，在制图时要确认。

（7）画开衩：开衩的长度根据裙长的不同而不同，适应人体日常活动的基本长度是髋骨（膝关节）位置向上 18～20cm。

（8）后中心拉链位置：拉链开口止点位置一般在臀围线上下，和裙的造型有关，打开拉链时能确保臀部正常通过的尺寸是必要的。拉链也可在右侧缝处安装。

（9）画腰头：一般腰头宽为 3cm，不过要和裙长相匹配。直线的腰带腰头宽确定在 2～4cm 为佳，另外要加入与裙子缝合的对位标记。

（10）画轮廓线：将腰围线处的省闭合，修正腰围线，绘制如图 5-8 所示。修正后的纸样需再一次确认完成的腰围尺寸，绘制如图 5-9 所示。加深描绘完成图的轮廓线，标注部位名称、纱向线以及必要的尺寸，并做好对位记号。

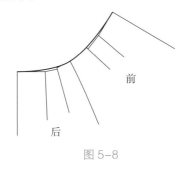

图 5-8

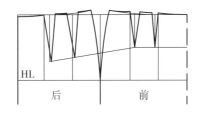

图 5-9

4 基础裙结构与人体的关系

4.1 基础裙放松量与人体的关系

（1）腰围放松量：腰部是裙装与人体贴合的部位，人体在席地而坐 90° 前屈时，腰围可增加 3cm 的增量（腰围处最大变量），但由于人体腰部由软组织构成，所以不加过大的松量也不会感到有压力，2cm 左右的压力对身体没有太大的影响。此外，考虑到腰部造型的合体美观性，腰部的松量也不宜过大，通常腰围的松量设定在 0～2cm，常取 1cm。

（2）臀围放松量：臀部是人体下身最突出的部位，其主要部分是臀大肌。臀围放松量的设定要考虑人体的直立、坐下、前屈等动作状态，人体在席地而坐 90° 前屈时，臀围可增加 4cm 的增量（臀围处最大变量）。因此，臀部放松量最少需要 4cm，依款式造型需要增加的装饰性松量及舒适量可按实际情况设定。

（3）摆围放松量：裙子的摆围尺寸与步行时的步幅有直接的关系。通常裙长越长，裙摆尺寸应越大，见图 5-10、表 5-2。紧身型裙子裙摆量不足时，需加开衩或褶裥来补充。缝合止点一般在膝关节上 18～20cm 的位置。

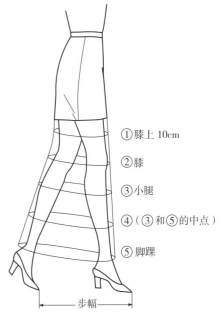

①膝上 10cm
②膝
③小腿
④（③和⑤的中点）
⑤脚踝

步幅

图 5-10

资料来源：文化服装学院. 文化ファッション大系 改訂版・服飾造形講座 2 スカート・パンツ [M]. 日本：文化学園 文化出発局，2023：22.

表 5-2　步行时裙摆大小尺寸表

单位：cm

部位	步幅	①膝上 10cm	②膝	③小腿	④（③和⑤的中点）	⑤脚踝
平均数值	67	94	100	126	134	146

资料来源：文化服装学院. 文化ファッション大系 改訂版·服飾造形講座 2 スカート·パンツ [M]. 日本：文化学園 文化出発局，2023：22.

4.2　裙腰长、腰围线与人体的关系

　　腰长是指从腰围线处沿着人体体表测量至臀围线的长度。人体的自然腰线并不是水平的，而是与人体体轴呈垂直状态的前高后低的形态，所以在裙腰部结构制图时应以前中心位置的臀长为基准，适当减少后中心腰长，后中心的腰线下落。下落量一般为 0～1cm，臀部较扁平的体型，取量较大。臀凸较大的体型，取量较小。由于女性体型的髋部较宽，在人体的侧面形成一条弧线，所以侧缝处的腰长最长，在结构制图时侧缝处的腰长要适当增加，一般为 0.7～1.2cm。示意图如图 5-11 所示。

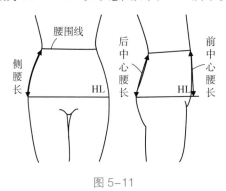

图 5-11

4.3　裙腰省设计与人体的关系

　　（1）腰省的位置：如图 5-12 所示，分析人体腰围与臀围的截面图，靠近前、后中心的腰围线与臀围线的截面曲率变化较平缓，靠近侧缝部位的截面曲率变化较大。因此，腰省位置应分布在截面曲率变化较大的地方，如前、后各有一个腰省的情况下，省道应分别位于从 O' 点开始沿水平线 45°、40° 左右的位置。当前、后腰省的单个省量超过 3cm 时，需将腰省分为两个。如图 5-13 所示，前片腰省的位置设置在 O' 点开始沿水平线 35°～40° 的直线处和这条直线与侧缝线的中间，后片腰省的位置设置在 O' 点开始沿水平线 25°～30° 的直线处和这条线与侧缝线中间的附近。在这两种情况中，侧缝线都会作为一个省道的位置。

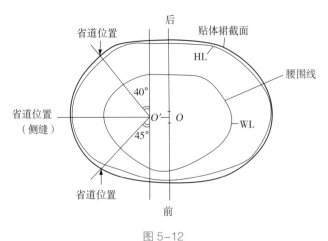

图 5-12

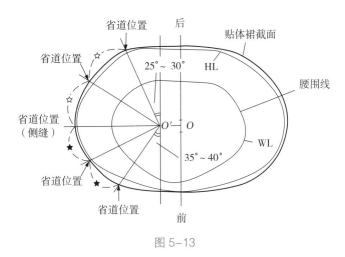

图 5-13

（2）腰省的大小：腰省的大小由腰围与臀围的尺寸差来决定。在裙子前、后片臀围大小相等的前提下，前、后片腰围的大小并不相等，前腰围大于后腰围。也就是说，前腰省的省量小于后腰省的省量。一般正常体型可以在 2cm 的范围内调整前、后腰省的差值。前、后腰省量的具体分配可视体型的不同而定。示意图如图 5-14 所示。

（3）腰省的长度：腰省的长度和省尖的位置按腹部和臀部的凸出部位来设定，如图 5-14 所示，前片的腰省是为腹凸部位设计的，所以前腰省的长度不能超过腹部最凸起的部位，即腹凸点的位置。同理，人体的臀凸部位靠下且偏向后中，所以后腰省长于前腰省，而且靠近后中心线的后腰省要长于靠近侧缝线的后腰省。侧缝的腰省是最长的，但不能超过臀围线。

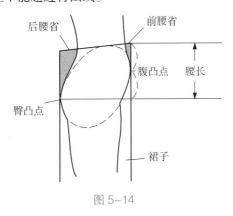

图 5-14

5　基础裙省道转移变化案例

5.1　基础裙省道转移原理与方法

（1）基础裙省道转移原理：基础裙省道依人体的腹凸与臀凸体态特征设计，腹凸与臀凸和上体的胸凸不同，相对于较明显的点状胸凸，腹凸与臀凸部位则比较平缓。因此，裙装无论是省的设计还是结构线的设计与变化都相对较灵活。以基础裙为例，如图 5-15 所示。

（2）基础裙省道转移方法：基础裙纸样展开变化的两种方法与衣身原型纸样变化方法原理相同，主要有以下两种方法：

方法一：复制基础裙纸样，加入分割线，切开纸样，在另一张纸上拷贝出展开后的纸样形状。

方法二：在基础纸样上加上分割线，在另一张纸上一边移动一边绘制新的纸样。

对于初学者而言，方法一较容易理解。

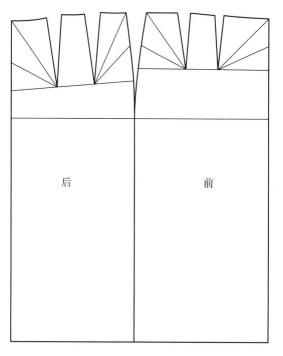

图 5-15

5.2 案例一：省道转移至育克分割线的结构设计（图 5-16）

结构制图要点（图 5-17）：

（1）以前裙片为例，依款式图设定育克分割线的位置。

（2）将腰省闭合转移到育克分割线中，修顺外轮廓线。

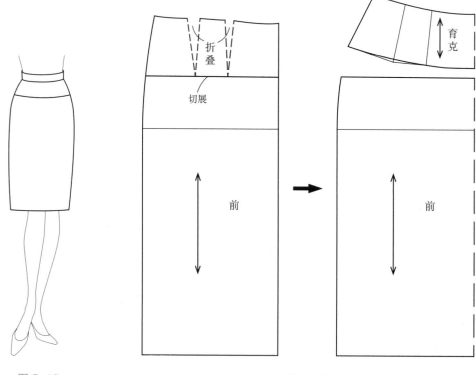

图 5-16   图 5-17

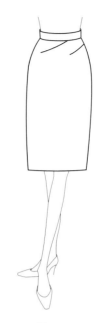

5.3 案例二：省道转移至斜向分割线的结构设计（图5-18）

结构制图要点：

（1）以前中心线为对称轴画出完整前片，依款式图设定斜向分割线的位置，绘制如图5-19所示。

（2）必要时延长省尖至分割线后闭合腰省，将腰省转移到斜向分割线中。修顺腰围与分割线处轮廓线，绘制如图5-20所示。

图 5-18

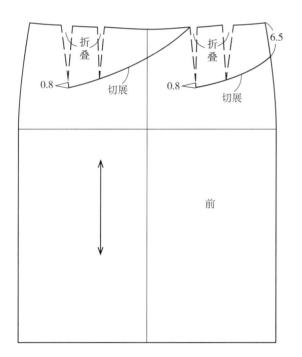

图 5-19

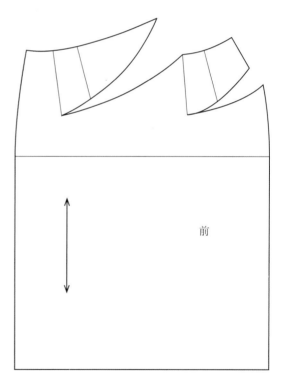

图 5-20

5.4 案例三：省道转移至侧缝线的结构设计（图5-21）

结构制图要点（图5-22）：

（1）以前裙片为例，依款式图设定分割线的位置，两条分割线平行。

（2）必要时延长省尖至分割线后闭合腰省，将腰省转移到侧缝线中。

（3）依款式调整省尖长度，修顺腰围轮廓线。

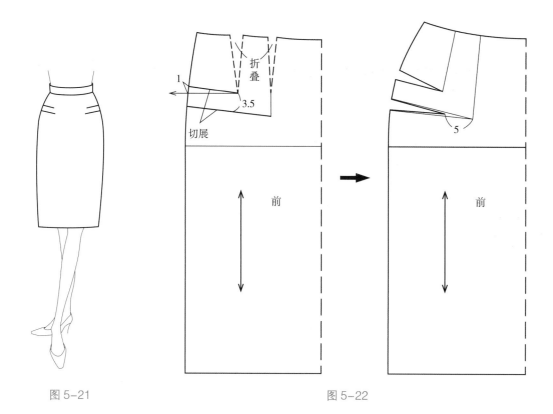

图 5-21　　　　　　　　　　　图 5-22

5.5　案例四：省道与抽褶结合的结构设计（图 5-23）

结构制图要点（图 5-24）：

（1）以前裙片为例，将两个腰省合并为一个腰省（方法见图 5-42），等分处设定切展线。

（2）拉开所需抽褶量，修正外轮廓线。

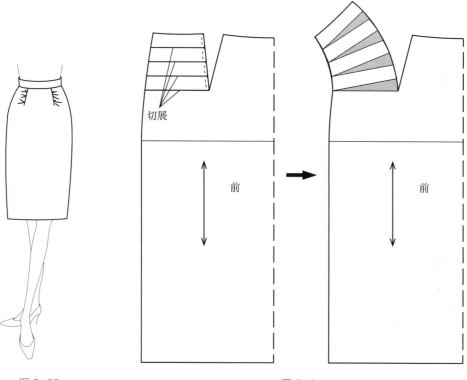

图 5-23　　　　　　　　　　　图 5-24

6 基础裙纸样变化案例

6.1 案例一：合并省展开法的纸样变化

（1）全部省量合并展开法的纸样变化（图 5-25）：

结构制图要点（图 5-26）：

①以后裙片为例，合并腰省量转移至下摆围展开。

②侧缝处追加 1/2 展开量，使裙摆波浪分布均匀。

图 5-25

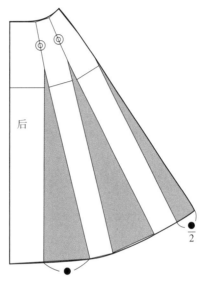

图 5-26

（2）部分省量合并展开法的纸样变化（图 5-27）：

结构制图要点（图 5-28）：

①以后裙片为例，依据所需下摆围的大小来确定省量合并的多少，腰部会剩余部分腰省量。

②侧缝处追加 1/2 展开量，使裙摆波浪分布均匀。

图 5-27

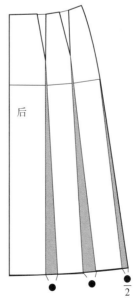

图 5-28

6.2 案例二：以基点为圆心展开法的纸样变化（图5-29）

结构制图要点（图5-30）：

（1）以后裙片为例，依款式缩短裙长，以裙摆为基点，腰围线处展开。此款半身裙的造型特点为：髋部膨胀，下摆收紧，裙形较为夸张。

（2）中心线处追加1/2展开量，使腰部褶量分布均匀。

图 5-29

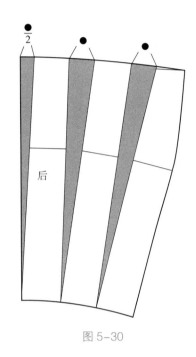

图 5-30

6.3 案例三：上下差异展开法的纸样变化（图5-31）

结构制图要点（图5-32）：

（1）以后裙片为例，依款式需要确定腰围和下摆围的展开量，腰部展开量可以通过碎褶或褶裥的形式处理。

（2）侧缝处追加1/2展开量，使裙身波浪均匀。

图 5-31

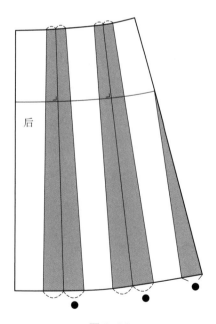

图 5-32

6.4 案例四：平行展开法的纸样变化（图 5-33）

结构制图要点（图 5-34）：

（1）以后裙片为例，依款式图缩短裙长，拉开褶裥量，纸样呈长方形。褶裥上部固定，下部自然散开。

（2）按褶裥倒向折叠纸样后，修正腰部轮廓线。

图 5-33

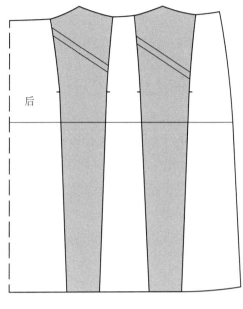

后

图 5-34

7　半紧身裙结构设计变化案例

7.1　半紧身裙结构制图

半紧身裙的腹围线附近较合体，往下逐渐展开，臀围线处较宽松，裙摆幅度适中。长度可为较短的迷你裙长度，也可长到膝盖处，较为灵活（图 5-35、图 5-36）。具体规格尺寸设计见表 5-3。

图 5-35

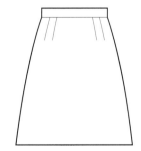
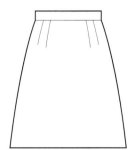

图 5-36

表 5-3　规格尺寸表　　　　　　　　　　　　　　　　　　　　　　　　单位：cm

号型	尺寸	部位				
		裙长	腰围	臀围	腰长	腰宽
160/68A	净体尺寸	—	68	90	18	—
	成品尺寸	46+3=49	69	98	18	3

（1）方法一：直接制图法，半紧身裙结构制图要点如下。

①以裙长减去腰宽的长 46cm 为长，以 H/4+2cm（松量）为臀围尺寸，绘制如图 5-37 所示。

②侧缝线处从臀围线向下 10cm 水平取 1.5cm 与臀围线连接，上、下分别延长到腰围线和下摆线，然后确定裙子的造型。绘制如图 5-37 所示。水平量取的尺寸越小，则裙摆越小，款式造型逐渐合体；水平量取的尺寸越大，裙摆越大，腰围线、臀围线裙侧缝线的倾斜度也随之发生变化，省量可依据款式来决定，绘制如图 5-38 所示。

③在图 5-37 中，腰围线在侧缝线处抬高 2cm，以画顺弧线，从腰长二等分处向侧缝线方向作垂线，辅助画出省的结构线。在穿着时，侧缝从臀围线处自然下垂。

④如前腰省量较小时，可只设定一个省，绘制如图 5-39 所示。

（2）方法二：根据基础裙的纸样展开，纸样制作要点如下。

①在基础裙的纸样上确定切展位置，从省尖向裙摆线作垂线，绘制如图 5-40 所示。

②从靠近前、后中心线的腰省处剪开，以省尖为基点，将裙摆展开。原腰省将有部分重叠，省量变小，绘制如图 5-41 所示。省量很少时，可将两个省并为一省，绘制如图 5-42 所示。

③依据裙长画裙摆线。腰头的纸样同图 5-37，裙身结构绘制如图 5-43 所示。

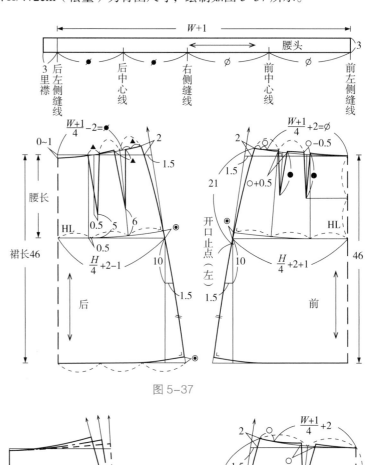

图 5-37

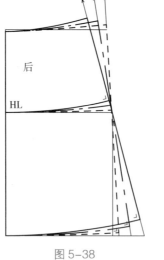

图 5-38

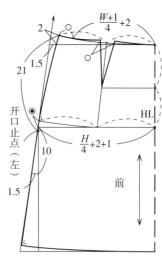

图 5-39

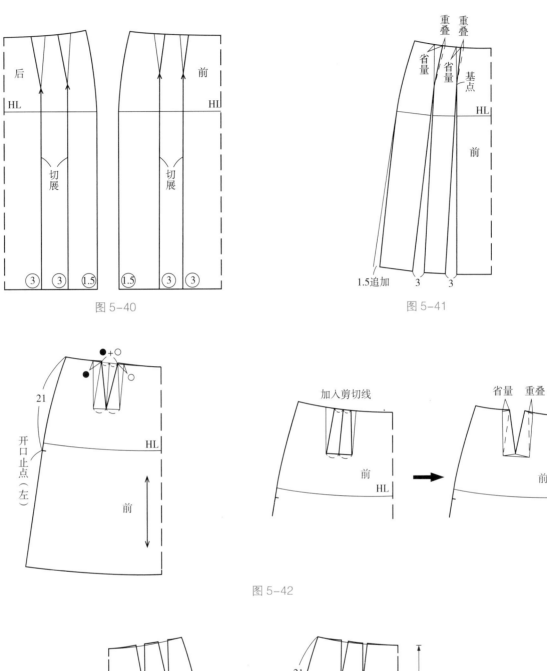

图 5-40

图 5-41

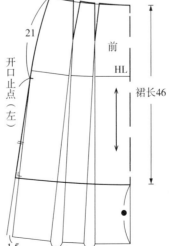

图 5-42

图 5-43

7.2 基础裙与半紧身裙应用案例：低腰育克分割裙

这款裙子为低腰半紧身造型，加入育克设计（图5-44、图5-45）。具体规格尺寸设计见表5-4。

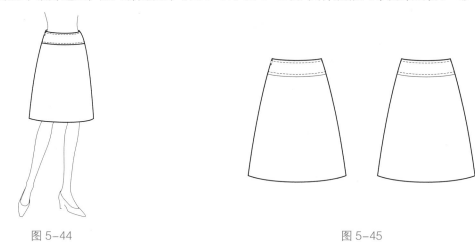

图5-44　　　　　　　　　　　　　　　　图5-45

表5-4　规格尺寸表　　　　　　　　　　　　　　　　单位：cm

号型	尺寸	部位				
		裙长	腰围	臀围	腰长	腰宽
160/68A	净体尺寸	—	68	90	18	—
	成品尺寸	60-2=58	69	98	18	—

（1）方法一：根据基础裙的纸样展开：

纸样制作要点：

①腰围线向下2cm处作新的腰围线，依据款式图确定裙长和育克宽度，画出裙摆线和育克线。为了使育克外观上整体成自然曲线，侧缝线处的宽比中心线处加宽0.5cm，绘制如图5-46所示。

②从省尖向裙摆线画垂线，作为裙展开的辅助线。绘制如图5-46所示。

③育克部位的省重叠，画顺上、下外轮廓弧线，绘制如图5-47所示。

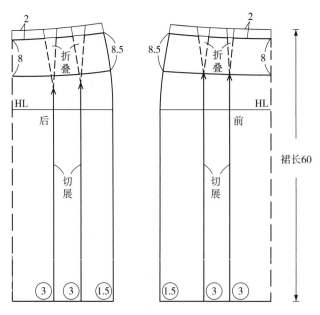

图5-46

④沿辅助线切展纸样。考虑到后育克缝合处尺寸要相符合，裙片剩余省量在侧缝处去掉，绘制如图5-47所示。

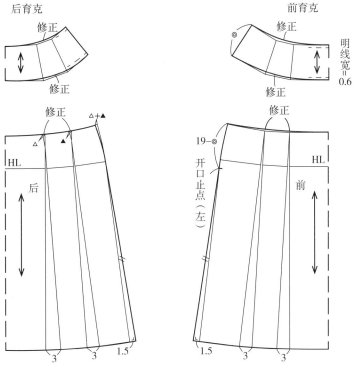

图 5-47

（2）方法二：根据半紧身裙的纸样展开：

纸样制作要点（图5-48）：

①同半紧身裙纸样展开的方法相同，制作育克纸样。

②考虑到后裙育克缝合处尺寸要相吻合，裙片剩余省量在侧缝处去掉。

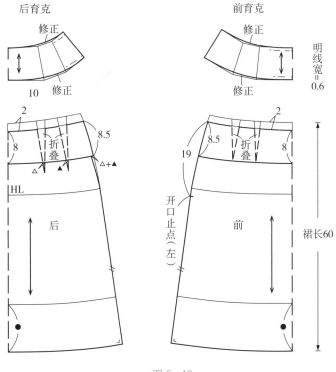

图 5-48

模块 6　连衣裙结构设计变化

上装与半裙连在一起的服装构成连衣裙，是女装的主要种类之一。相对于上装和半裙的配套穿着方式而言，连衣裙更注重表现服装外形轮廓的整体性，即强调衣身与裙身的整体感。

1　连衣裙结构分类

连衣裙无论是造型的紧身或宽松，还是面料的选择以及穿着的季节与场合，适用范围都非常广泛。

1.1　按连衣裙的廓型分类（图 6-1）

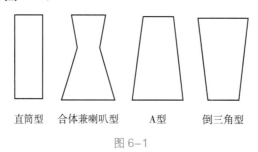

直筒型　　合体兼喇叭型　　A型　　倒三角型

图 6-1

1.2　按连衣裙纵向分割线分类（图 6-2）

（公主线）　　（背刀线）

一条　　　　　两条　　　　　三条

图 6-2

1.3　按连衣裙横向分割线分类（图 6-3）

育克　　高腰　　正常腰　　低腰（A款）　　低腰（B款）　　下摆

图 6-3

2 连衣裙结构设计基础变化案例一：横向接腰式连衣裙

这是一款基础型连衣裙，在原型衣和基础裙的结构上稍作变化后在腰部缝合，形成连衣裙。衣袖在袖原型基础上变化后形成较为合体的一片袖，袖肘处有一袖肘省。半裙的前、后片各有一个腰省，与衣片腰省对接（图6-4、图6-5）。具体规格尺寸设计见表6-1。

图6-4　　　　　　　　　　　　　　　　　　　　图6-5

表6-1　规格尺寸表　　　　　　　　　　　　　　　　　　　　单位：cm

号型	尺寸	部位				
		裙长	胸围	臀围	袖长	腰长
160/68A	净体尺寸	38（背长）	84	90	52（臂长）	18
	成品尺寸	38+1+64=103	94	98	52+5=57	18

结构制图要点：

（1）前、后衣身原型省道闭合，闭合前、后衣片靠侧缝线处腰省 d、b。绘制如图6-6所示。

（2）透好前、后原型衣片，延长前、后中心线。由于腰部系有腰带，故衣长要多加1cm作为松量。画下半裙裙长64cm，腰长18cm，确定臀围线。绘制如图6-6所示。

（3）前、后臀围线上分别量取 $H/4+2cm+1cm$、$H/4+2cm-1cm$，并向下作垂线。其中，2cm为加放松量，1cm为前后差量。在垂线上取距臀围线10cm的一点，并水平向外侧量取1.5cm，此点与臀围线连接后上下延长为侧缝的引导线。绘制如图6-6所示。

（4）腰水平线部位距侧缝引导线1.5cm处稍带弧线画顺侧缝线。画的腰围线尺寸要与衣身腰围线尺寸相同，剩余量为省量。省量大小根据臀腰差决定，省的个数和省止点也可以变化，如省量小于4cm可为一个省。绘制如图6-6所示。

（5）与臀围线平行画底摆线。绘制如图6-6所示。

（6）腰带结构绘制如图6-7所示。

（7）依款式图设计衣身侧缝省位置，转移袖窿省为侧缝省，并修正省尖位置。绘制如图6-8所示。

（8）袖窿省较大时，将其2/3的量转移至侧缝省，其余1/3的量转移至腰省，同时修正省尖位置。这样处理的合体效果较好，衣身面料纱向也较稳定。绘制如图6-9所示。

（9）衣袖为一片合体袖结构，袖山高度确定方法、袖长尺寸及具体袖制图见图3-37~图3-40。

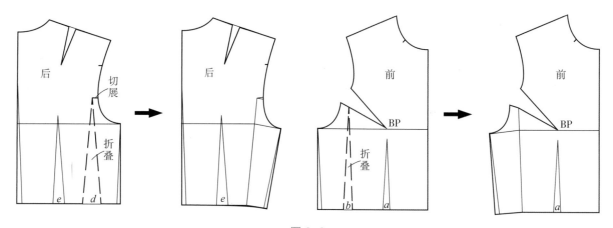

图 6-6

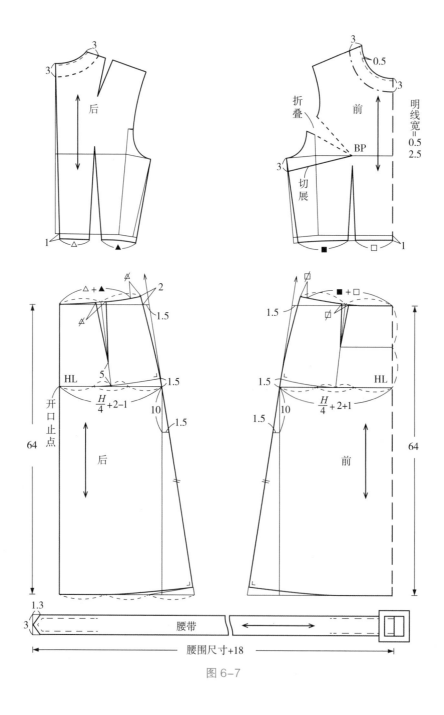

图 6-7

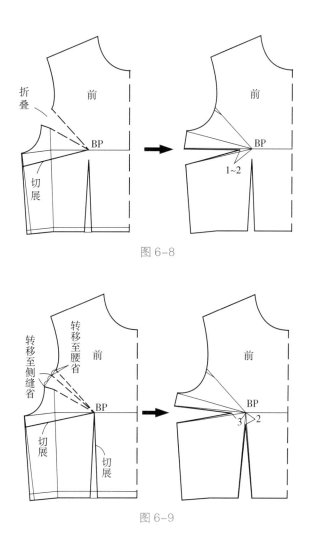

图 6-8

图 6-9

3 连衣裙结构设计基础变化案例二：纵向公主线分割型连衣裙

公主线分割型连衣裙是指从肩部到底摆处加入纵向分割线的一款结构设计，能很好地表现人体曲线轮廓。腰围线以下的造型可依需要为合体型、直身型或喇叭型。领子为立领，袖子为一片合体袖，袖口处收省（图 6-10、图 6-11）。具体规格尺寸设计见表 6-2。

图 6-10   图 6-11

表6-2　规格尺寸表　　　　　　　　　　　　　　　　单位：cm

号型	尺寸	部位				
		裙长	胸围	臀围	袖长	腰长
160/68A	净体尺寸	38（背长）	84	90	52（臂长）	18
	成品尺寸	106	94	98	52+5=57	18

结构制图要点：

（1）前、后衣身原型省道处理。将后肩省1/3的量转移到袖窿，作为袖窿松量。前胸省1/5的量作为袖窿松量，余下的省量转移到肩省处，绘制如图6-12所示。

（2）确定裙子长度，根据衣身造型与功能性确定胸围、腰围、臀围处松量。画公主线时可以先画靠近中心线一侧的线，再画靠近侧缝线的线。后中心腰围线处缩进1.5cm；后肩省调整到与前肩省相同位置；d省调整到腰围中心处，并沿中心点向下作垂线，作为裙摆放量的辅助线；将臀围线处不足量分成三等份，并分别分配到辅助线和侧缝线处，绘制如图6-13所示。

（3）调整前衣身a省的省量为a+1，并沿中心点向下作垂线，作为裙摆放量的辅助线。臀围线处不足量的处理方法同后衣身。考虑到人体胸部以上有较凹造型，此处结构线相应稍弧进一些，绘制如图6-13所示。

（4）衣领结构绘制如图6-13所示。

（5）袖结构制图请参考图3-43，袖长尺寸为臂长52cm+5cm，绘制如图6-14所示。

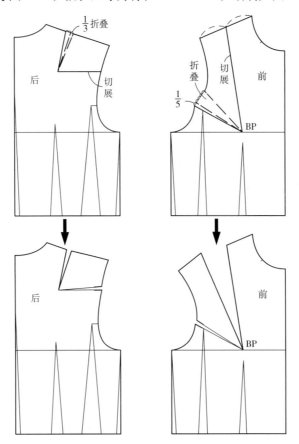

图6-12

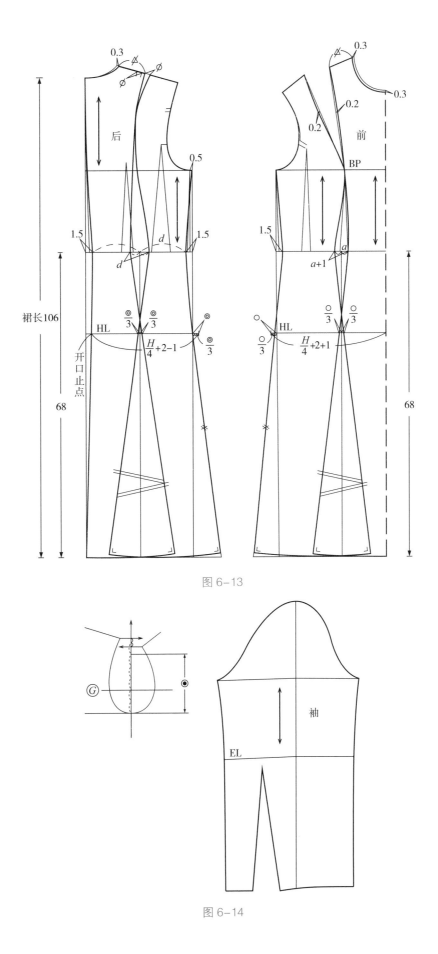

图 6-13

图 6-14

专项模块

模块 7　半裙结构设计案例

1　半裙结构设计案例一：多节裙

1.1　款式特点分析

此款裙型裙身被横向分割成三节，同时加入碎褶裥并有明线缉缝装饰。裙摆褶量较多，行走时富有动感，比较美观。腰部松紧带结构，同时穿绳辅助调节松紧（图 7-1、图 7-2）。具体规格尺寸设计见表 7-1。

图 7-1

图 7-2

表 7-1　规格尺寸表　　　　　　　　　　　　　　　　　　　单位：cm

号型	尺寸	部位				
		裙长	腰围	臀围	腰长	腰宽
160/68A	净体尺寸	—	68	90	18	—
	成品尺寸	80+4.5=84.5	69	—	18	4.5

1.2　结构制图要点

（1）因是长方形结构制图的裙子，所以前、后片一起制图，并且由于松量较多，所以没有前、后差也可以。六等分裙长，按比例绘制三节长度。多节裙的分割位置从上至下各段应逐渐加长，这样可以给人均衡稳定感。褶量的多少由面料的薄厚和造型来决定，图 7-1 中的款式采用的面料不厚，不是过于膨胀的造型，每节以 2/3 的加褶量分别完成轮廓制图。褶量较多的情况下，为了减少拼接，也可横向裁剪。绘制如图 7-3 所示。

（2）后中心处下落一定的量以符合体型，缉明线 0.1cm、0.8cm，绘制如图 7-3 所示。

（3）腰头加松紧带并打扣眼、穿带条，系带条宽 1cm，绘制如图 7-3 所示。

（4）如有面料拼接，拼接线应放在不易发现的位置，如侧缝线处，如图 7-3 所示。

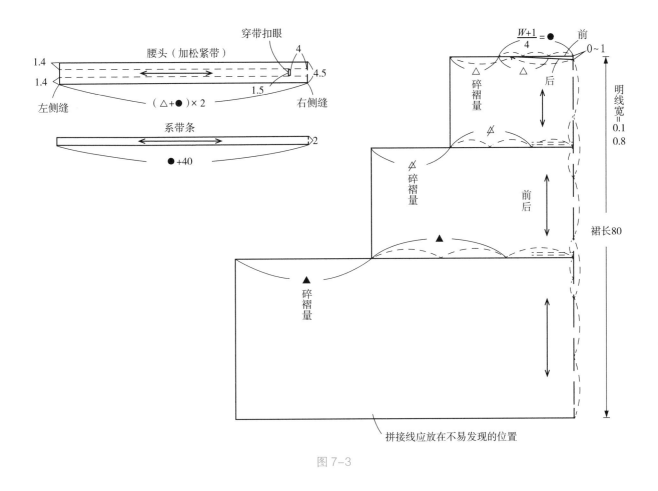

图 7-3

2 半裙结构设计案例二：碎褶裙

2.1 款式特点分析

此款裙型裙腰部有不规则碎褶，由于选用面料的薄厚、质地、垂感及碎褶量的多少不同，形成的造型和体积感也不同。结构纸样大体呈长方形较简单，可以不用纸样直接在面料上裁剪。因有碎褶，布料整体的分量会变多，所以通常选择轻薄的面料。碎褶量的确定可以依据面料的厚薄和造型需要设计，也可以用实际面料试做后决定（图 7-4、图 7-5）。具体规格尺寸设计见表 7-2。

图 7-4

图 7-5

表7-2 规格尺寸表 单位：cm

号型	尺寸	部位				
		裙长	腰围	臀围	腰长	腰宽
160/68A	净体尺寸	—	68	90	18	—
	成品尺寸	62+4=66	69	—	18	4

2.2 结构制图要点

（1）取裙长，腰围线与下摆线平行。先确定腰部碎褶量，再确定下摆大小。下摆量与布幅有关，本结构制图布幅为114cm，绘制如图7-6所示。

（2）后中心处下落一定的量以符合体型，绘制如图7-6所示。

（3）腰头加松紧带，前、后各一片，绘制如图7-6所示。

（4）碎褶量的几种确定方法，如图7-7所示。

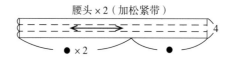

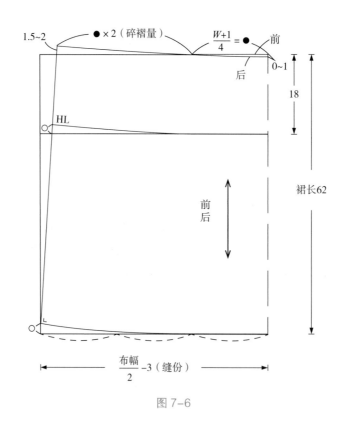

图 7-6

碎褶量的确定方法

A：约腰围尺寸的 0.7 倍

·中厚羊毛面料（苏格兰呢、华达呢、精纺毛料等）
·厚棉面料（粗斜纹面料、凸纹布）

B：与腰围尺寸相同

·薄羊毛面料（平纹针织物、平纹毛织物、巴里沙等）
·棉（阔幅棉布、棉缎等有张力的丝绸塔夫绸、波纹织物）

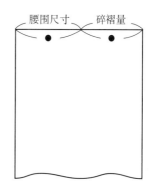

C：腰围尺寸的 1.5 倍

·薄棉布（色织条格布、上等细布等）
·丝绸（双绉、绉绸）

D：腰围尺寸的 2 倍

·薄料（乔其纱、雪纺绸等）

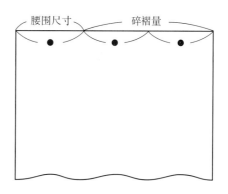

图 7-7

3　半裙结构设计案例三：褶裥裙

3.1　款式特点分析

此款裙型裙腰部省道位置以褶裥形式设计，褶裥上端在内侧固定，下部自然展开。此款裙型腰部较宽，有一定的装饰感（图 7-8、图 7-9）。具体规格尺寸设计见表 7-3。

表 7-3　规格尺寸表　　　　　　单位：cm

号型	尺寸	部位				
		裙长	腰围	臀围	腰长	腰宽
160/68A	净体尺寸	—	68	90	18	—
	成品尺寸	52+5.5=57.5	69	—	18	5.5

图 7-8

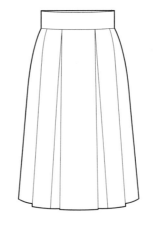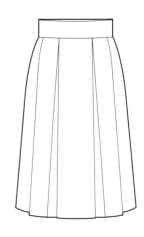

图 7-9

3.2　结构制图要点

（1）根据基础裙纸样展开，确定裙长，从省尖点向裙摆作垂线，垂线作为基准线。臀围线下 10cm 处作水平线，在这条线上确定各部位的展开量，绘制如图 7-10 所示。

（2）褶裥处展开量为 8cm，也可根据个人喜好和款式设计需要来确定，绘制如图 7-11 所示。

（3）腰头部分绘制如图 7-10 所示。

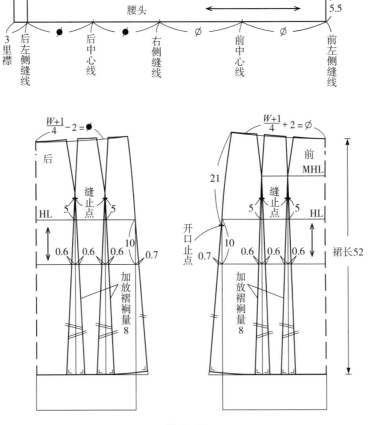

图 7-10

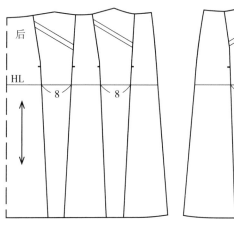

图 7-11

4 半裙结构设计案例四：无腰拼片裙

4.1 款式特点分析

此款裙型无腰，前、后裙片腰省在分割线中去掉，裙摆量在分割线处分布均匀，裙两侧有插袋，袋口有系带装饰（图 7-12、图 7-13）。具体规格尺寸设计见表 7-4。

图 7-12

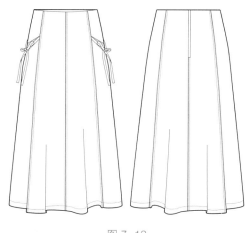

图 7-13

表 7-4　规格尺寸表　　　　　　　　　　　　　　　　单位：cm

号型	尺寸	部位				
		裙长	腰围	臀围	腰长	腰宽
160/68A	净体尺寸	—	68	90	18	—
	成品尺寸	72	69	—	18	—

4.2 结构制图要点

（1）根据基础裙纸样展开，确定裙长。分别将前、后裙片的两个腰省合并为一个，从省尖点向裙摆作垂线，垂线作为基准线。臀围线下 10cm 处作水平线，在这条线上确定各部位的展开量，展开量的多少可按造型需要调整。绘制如图 7-14 所示。

（2）前侧片上口袋位置及袋口装饰带，绘制如图 7-15 所示。

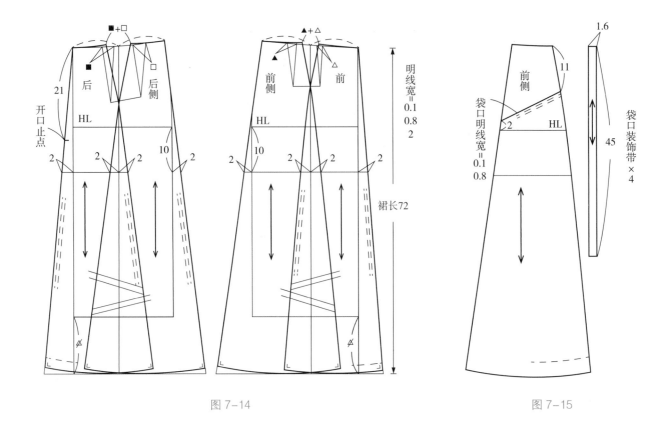

图 7-14

图 7-15

5 半裙结构设计案例五：鱼尾裙

鱼尾裙款式的外轮廓像鱼尾造型，下摆展开，其他部位合体。因不同的内部结构设计，最终形成的鱼尾裙造型与风格也有所不同。这里介绍三款不同内部结构和风格的鱼尾裙：休闲牛仔鱼尾裙、插角拼布鱼尾裙与连腰鱼尾裙。

5.1 休闲牛仔鱼尾裙款式特点分析

此款鱼尾裙由纵向分割后底部裙摆加放展开量的内部结构构成。前中心线下部有开衩设计，以增加人体活动量，后中心线处装隐形拉链。整体裙长不是很长，同时牛仔面料增强了裙子的休闲风格，如果面料有弹性，臀围放松量可以适当减少（图 7-16、图 7-17）。具体规格尺寸设计见表 7-5。

图 7-16

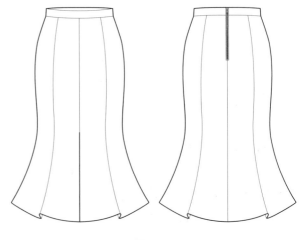

图 7-17

表 7-5　规格尺寸表　　　　　　　　　　　　　　　　　　　　　　　　单位：cm

号型	尺寸	部位				
		裙长	腰围	臀围	腰长	腰宽
160/68A	净体尺寸	—	68	90	18	—
	成品尺寸	64+3=67	69	90+4=94	18	3

5.2　休闲牛仔鱼尾裙结构制图要点

（1）根据基础裙纸样展开，确定裙长。分别将前、后裙片的两个腰省合并为一个，从省尖点向裙摆作垂线，垂线作为基准线，画法同图 7-14。调整前、后腰省的省尖位置，后腰省中 0.7cm 的量转移到后中心线处，绘制如图 7-18 所示。

（2）将臀围线至裙摆线的距离三等分，在上 1/3 处作分割线的辅助线。裙摆加入放量，并修正成直角，以弧线画顺，绘制如图 7-18 所示。

（3）后中心线处装隐形拉链，腰头长为实际腰围尺寸，绘制如图 7-18 所示。

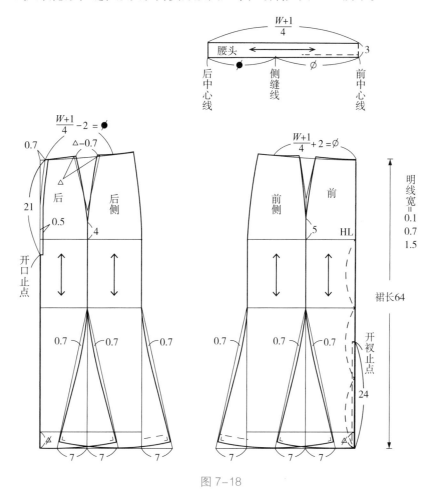

图 7-18

5.3　插角拼布鱼尾裙款式特点分析

此款鱼尾裙以纵向分割加插角拼布结构形成。插角部位的拼布可以与裙身面料相同，也可不同。插角布片的尺寸可根据设计需要和面料薄厚质地确定（图 7-19、图 7-20）。具体规格尺寸设计见表 7-6。

图 7-19

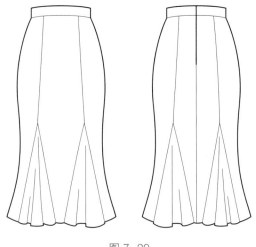

图 7-20

表 7-6 规格尺寸表 单位：cm

号型	尺寸	部位				
		裙长	腰围	臀围	腰长	腰宽
160/68A	净体尺寸	—	68	90	18	—
	成品尺寸	64+3=67	69	90+4=94	18	3

5.4 插角拼布鱼尾裙结构制图要点

（1）根据基础裙纸样展开，确定裙长。分别将前、后裙片的两个腰省合并为一个，从省尖点向裙摆作垂线，垂线作为基准线，画法同图 7-18，绘制如图 7-21 所示。

（2）臀围线下 18cm 处为拼片缝止点位置，后腰省中 0.7cm 的量转移到后中心线处（图 7-18），绘制如图 7-21 所示。

（3）腰头结构绘制如图 7-21 所示。

（4）加入的拼片部位如图 7-22 所示。

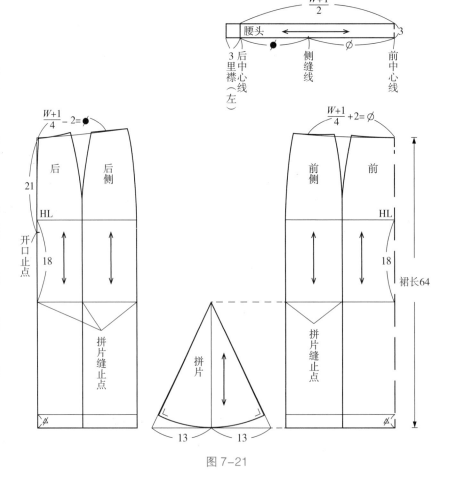

图 7-21

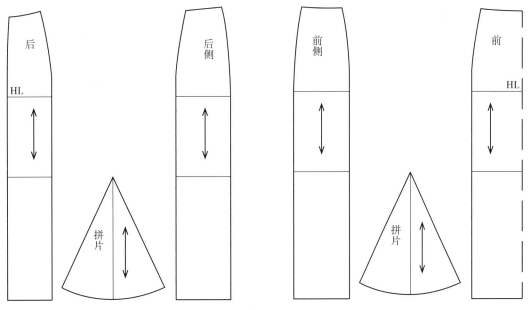

图 7-22

5.5　连腰鱼尾裙款式特点分析

此款鱼尾裙下摆横向分割，以波浪结构形成鱼尾造型。前裙片两侧各有一个省道，后裙片两侧各有两个省道，整体结构塑身合体，后中心线处装隐形拉链。裙腰与裙身相连且有一定高度，可以加腰带装饰，其结构制图可以在基础裙纸样基础上变化完成（图 7-23、图 7-24）。具体规格尺寸设计见表 7-7。

图 7-23

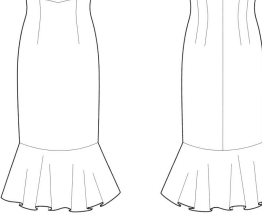

图 7-24

表 7-7　规格尺寸表　　　　　　　　　　　　　　　　　　单位：cm

号型	尺寸	部位				
		裙长	腰围	臀围	腰长	腰宽
160/68A	净体尺寸	—	68	90	18	—
	成品尺寸	64+5=69	69	90+4=94	18	5

5.6 连腰鱼尾裙结构制图要点

（1）根据基础裙纸样展开，确定裙长。后裙片同基础裙纸样一样有两个腰省，前裙片的两个腰省合并为一个，画法同图 7-14，绘制如图 7-25 所示。

（2）腰围线向上延长连腰部分。臀围线下 23cm 处为横向分割线位置，前、后裙片分别画出裙摆切展线，绘制如图 7-25 所示。

（3）前、后裙片分别拉开裙摆量，并修顺外轮廓线，绘制如图 7-26 所示。

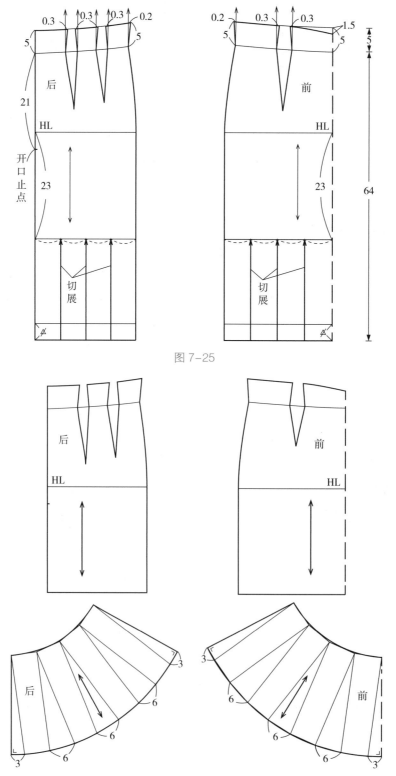

图 7-25

图 7-26

6 半裙结构设计案例六：喇叭裙

　　喇叭裙的造型特点为腰围到裙摆围逐渐变大，面料和喇叭摆围大小不同，形成的风格也不同。为使喇叭裙裙摆均匀自然，应选用经纬向张力均衡的面料。其结构图可以通过圆周率进行计算得到，也可以通过纸样合并和展开的方法获得。依据圆周率进行喇叭裙结构设计的方法介绍：按裙摆喇叭摆围的大小可分为 1/4 圆、2/4 圆（半圆）、3/4 圆、4/4 圆（全圆），最大可为 2 个全圆（720°）。利用圆周率公式（周长 =2πr，π 取 3.14），根据腰围尺寸算出圆的半径，并绘制圆。确定前、后中心线，并依据造型需要进行分割，绘制如图 7-27 所示。1/4 圆喇叭裙制图时，若臀腰差过大，引起臀腹部尺寸不足时，可在中心处加放不足量，在侧缝线处再去除，并画顺弧线，绘制如图 7-28 所示。

　　这里介绍四款不同的喇叭裙：全圆摆喇叭裙、半圆摆喇叭裙、斜格纹喇叭裙、碎褶喇叭裙。

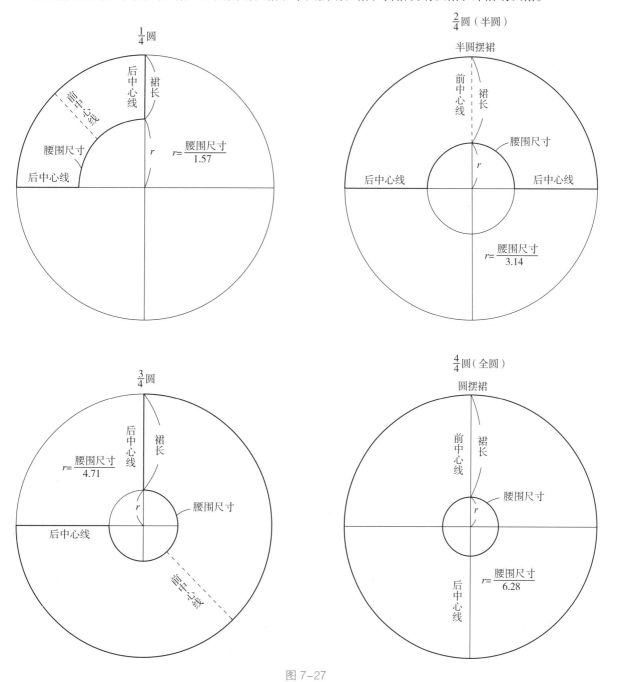

图 7-27

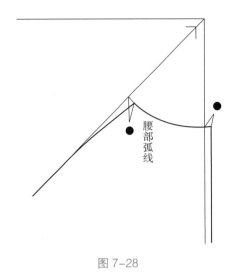

图 7-28

6.1 全圆摆喇叭裙款式特点分析

全圆摆喇叭裙的裙摆呈 360° 整圆，面料轻柔、垂感好，多用于表演服装，舞动起来非常好看（图 7-29、图 7-30）。具体规格尺寸设计见表 7-8。

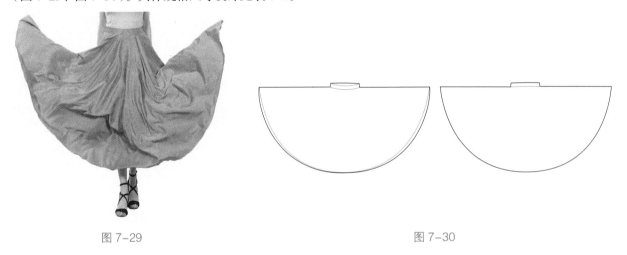

图 7-29   图 7-30

表 7-8　规格尺寸表   单位：cm

号型	尺寸	部位				
		裙长	腰围	臀围	腰长	腰宽
160/68A	净体尺寸	—	68	90	18	—
	成品尺寸	80+3=83	69	—	—	3

6.2 全圆摆喇叭裙结构制图要点

（1）利用圆周率根据腰围尺寸计算出圆的半径，绘制 1/4 圆制图，以裙长为半径绘制弧线，绘制如图 7-31 所示。

（2）画后腰围线，在后中心线上量（W+1）/4，以弧线画侧缝线，绘制如图 7-31 所示。

（3）在裙摆上去掉因斜裁引起面料伸长的量。前、后中心连裁时，应将面料按纱向横向放置剪裁。前、后中心断开裁剪时，纱向与前、后中心线方向一致，绘制如图 7-31 所示。

（4）腰头结构绘制如图 7-31 所示。

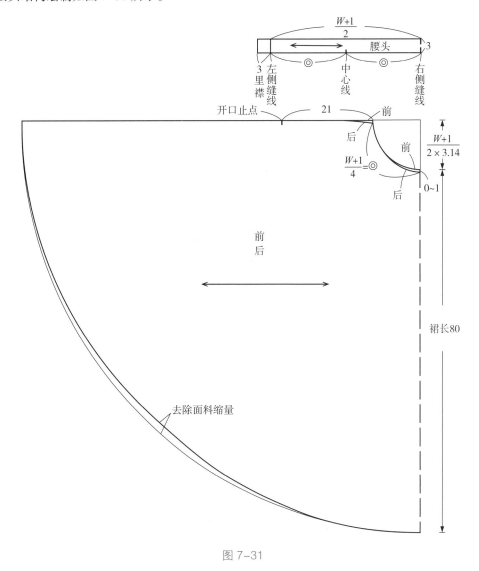

图 7-31

6.3 半圆摆喇叭裙款式特点分析

半圆摆喇叭裙在日常生活中较为常见，也是裙摆较大的一种喇叭裙，前、后片的裙摆合起来为半圆。前中心连裁，为直纱向条格纹，左侧缝处隐形拉链开口（图 7-32、图 7-33）。具体规格尺寸设计见表 7-9。

图 7-32   图 7-33

表 7-9　规格尺寸表 单位：cm

号型	尺寸	部位				
		裙长	腰围	臀围	腰长	腰宽
160/68A	净体尺寸	—	68	90	18	—
	成品尺寸	66+3=69	69	—	—	3

6.4　半圆摆喇叭裙结构制图要点

（1）利用圆周率根据腰围尺寸算出圆的半径，绘制 1/4 圆然后两等分制图。以裙长为半径绘制弧线，绘制如图 7-34 所示。

（2）画后腰围线，在后中心线上量（$W+1$）/4，以弧线画侧缝线，绘制如图 7-34 所示。

（3）前、后中心连裁，纱线与前、后中心线平行剪裁，前、后中心线处格子面料为正向竖直方向，如纱线与前、后中心线呈 45° 剪裁时，前、后中心线处格子面料为斜向，绘制如图 7-34 所示。

（4）腰部装隐形拉链，腰头结构绘制如图 7-34 所示。

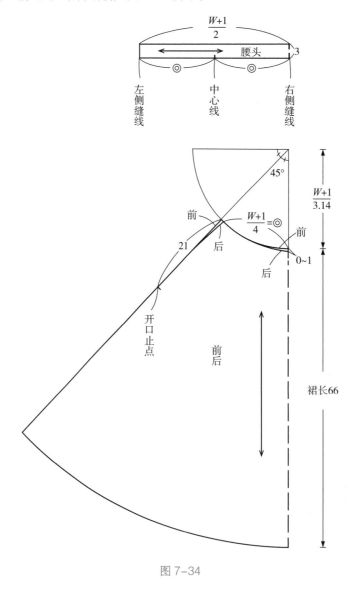

图 7-34

6.5 小摆喇叭裙款式特点分析

此款喇叭裙是日常生活中常见的一种喇叭裙裙型，前、后片裙摆合起来在半圆和 1/4 圆之间。前中心连裁，面料为斜纱向条格纹，左侧缝处有隐形拉链开口（图 7-35、图 7-36）。具体规格尺寸设计见表 7-10。

图 7-35

图 7-36

表 7-10　规格尺寸表　　　　　　　　　　　　　　　　　　　单位：cm

号型	尺寸	部位				
		裙长	腰围	臀围	腰长	腰宽
160/68A	净体尺寸	—	68	90	18	—
	成品尺寸	66+3=69	69	—	18	3

6.6 小摆喇叭裙结构制图要点

（1）根据基础裙纸样展开，确定裙长。从前、后裙片省尖向裙摆作垂线，作为切展线，绘制如图 7-37 所示。

（2）以省尖为基点旋转纸样，将省量全部闭合展开下摆，侧缝的展开量是合并两省后下摆展开量的 1/4，绘制如图 7-38 所示。

（3）前、后中心连裁，纱线与前、后中心线呈 45° 剪裁，前、后中心处格子面料为斜向，如纱线与前、后中心线平行剪裁时，前、后中心处格子面料为正向竖直方向，绘制如图 7-38 所示。

（4）腰部装隐形拉链，腰头结构绘制如图 7-37 所示。

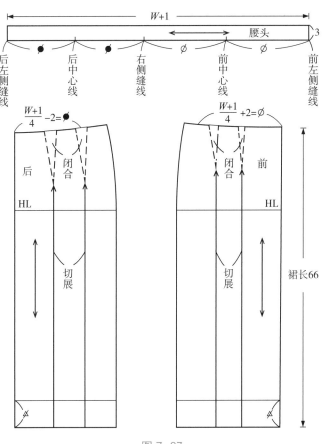

图 7-37

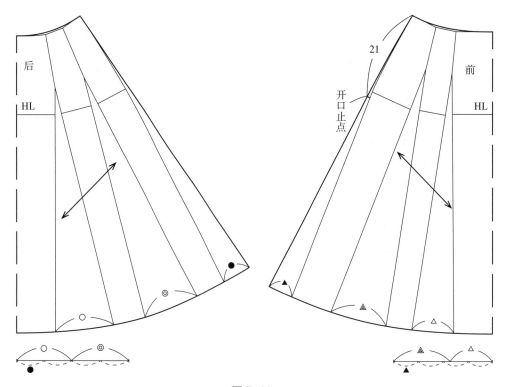

图 7-38

6.7 碎褶喇叭裙款式特点分析

此款喇叭裙腰部有碎褶，增加了体量感，腰部有松紧带，侧缝处有插袋（图 7-39、图 7-40）。具体规格尺寸设计见表 7-11。

图 7-39

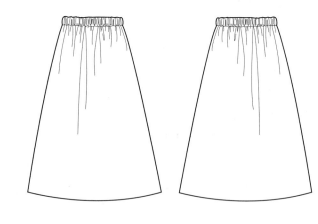

图 7-40

表 7-11 规格尺寸表

单位：cm

号型	尺寸	部位				
		裙长	腰围	臀围	腰长	腰宽
160/68A	净体尺寸	—	68	90	18	—
	成品尺寸	62+3.5=65.5	69	—	18	3.5

6.8　碎褶喇叭裙结构制图要点

（1）根据基础裙前片纸样展开，确定裙长。腰线与下摆线分别四等分后连线，作为切展位置，绘制如图 7–41 所示。

（2）依据款式造型和面料质地确定腰围碎褶量。去除腰部余量后，依据切展线数量七等分剩余碎褶量，绘制如图 7–42 所示。

（3）依据款式造型和面料质地确定下摆展开量。依据切展线数量八等分展开量，绘制如图 7–42 所示。

（4）前、后中心连裁，纱线与前、后中心线平行剪裁，如前、后中心断开剪裁，纱线方向绘制如图 7–43 所示。

（5）腰部装松紧带，腰头结构绘制如图 7–42 所示。

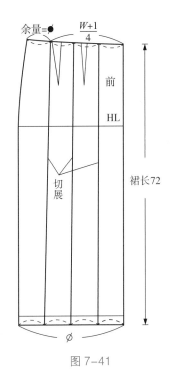

图 7–41

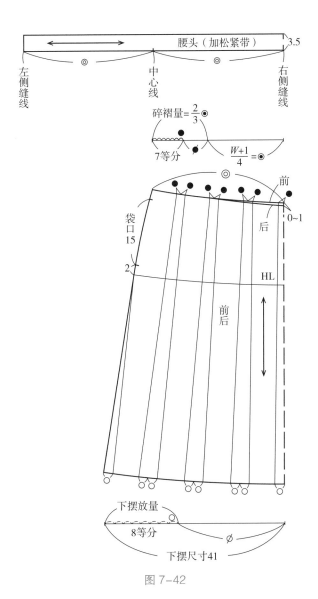

图 7–42

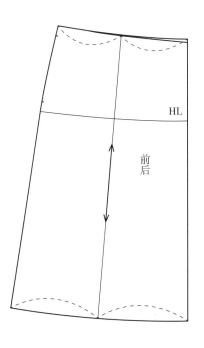

图 7–43

7 半裙结构设计案例七：蓬蓬裙

7.1 款式特点分析

蓬蓬裙的款式特点是上、下两端抽褶，中间蓬起。其结构设计的关键是里裙，里裙比外裙短，才能使外裙抽褶并与里裙缝合后呈蓬起状。此款裙前中心线处以拉链开口并装饰（图 7-44、图 7-45）。具体规格尺寸设计见表 7-12。

图 7-44

图 7-45

表 7-12 规格尺寸表
单位：cm

号型	尺寸	部位				
		裙长	腰围	臀围	腰长	腰宽
160/68A	净体尺寸	—	68	90	18	—
	成品尺寸	64+4=68	69	—	18	4

7.2 结构制图要点

（1）确定裙长，再延长外裙向内翻折量，确定腰部碎褶量，绘制如图 7-46 所示。

（2）前中心线处去掉装拉链的量，后中心可连折，绘制如图 7-46 所示。

（3）腰头前中心线处去掉装拉链的量，绘制如图 7-46 所示。

（4）根据半紧身裙纸样，绘制里裙结构。在半紧身裙纸样的基础上加长裙长为 64cm 并减去向内翻折量 10cm。前中心线处同样去掉装拉链的量，绘制如图 7-47 所示。

8 半裙结构设计案例八：育克双层裙

8.1 款式特点分析

此款裙的款式特点是育克结构拼接两层抽褶裙摆，整体造型活泼。其结构设计的关键是第一层裙摆和里裙与育克相接，第二层裙摆与里裙相接，后中心装拉链（图 7-48、图 7-49）。具体规格尺寸设计见表 7-13。

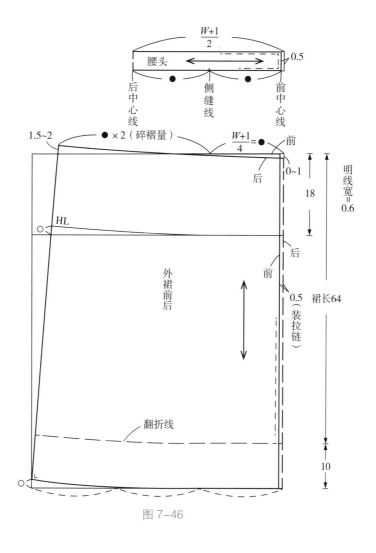

图 7-46

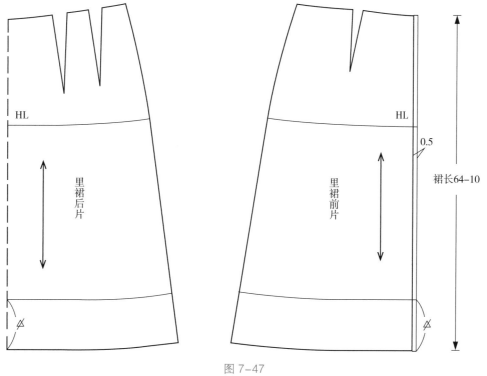

图 7-47

图 7-48

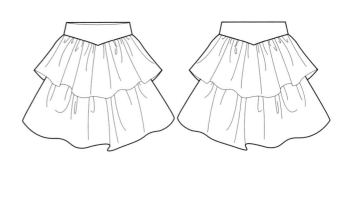

图 7-49

表 7-13　规格尺寸表

单位：cm

号型	尺寸	部位				
		裙长	腰围	臀围	腰长	腰宽
160/68A	净体尺寸	—	68	90	18	—
	成品尺寸	50	69	—	18	—

8.2　结构制图要点

（1）根据半紧身裙纸样展开，绘制育克和里裙的分割线，绘制如图 7-50 所示。

（2）闭合腰省，完成前、后育克结构，并修顺外轮廓线，绘制如图 7-51 所示。

（3）在侧缝处去除剩余省量，完成前、后里裙的结构绘制，如图 7-51 所示。

（4）依据造型需要确定抽褶量，完成第一层、第二层裙片结构的绘制。第一层裙片和里裙上沿与育克相接，第二层裙片与里裙下沿相接，绘制如图 7-51 所示。

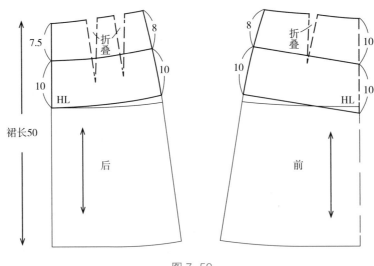

图 7-50

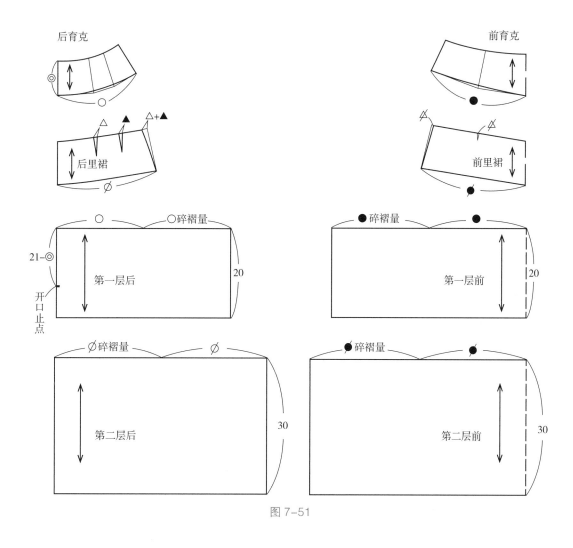

图 7-51

9 半裙结构设计案例九：不对称低腰裙

9.1 款式特点分析

此款裙设计感较强，前裙片呈不对称的弧形并装饰有门襟的造型，腰部有变形的设计，后中心装拉链（图 7-52、图 7-53）。具体规格尺寸设计见表 7-14。

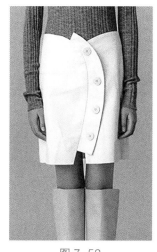

图 7-52

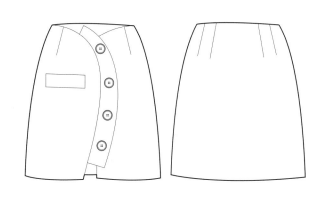

图 7-53

表 7-14　规格尺寸表 　　　　　　　　　　　　　　　　　　　　　　　　　　单位：cm

号型	尺寸	部位				
		裙长	腰围	臀围	腰长	腰宽
160/68A	净体尺寸	—	68	90	18	—
	成品尺寸	50	69	—	18	—

9.2　结构制图要点

（1）根据半紧身裙纸样展开，确定裙长。后裙片腰围线下落 2cm，绘制如图 7-54 所示。

（2）以前中心线为中心展开完整裙片，腰围线下落 2cm。依款式画出各部位结构，绘制如图 7-55 所示。

（3）完整前裙片绘制如图 7-56 所示。

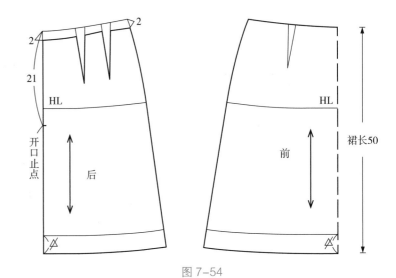

图 7-54

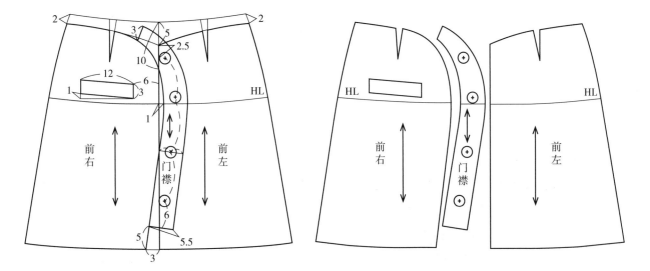

图 7-55　　　　　　　　　　　　　　　图 7-56

10　半裙结构设计案例十：气球裙

10.1　款式特点分析

此款裙造型感较强，呈近似"O"形的气球造型。半省结构使裙腰髋部合体，下半部散开的省增加了造型的体量感。下摆回收，前中心下部有开衩设计，后中心装拉链（图 7-57、图 7-58）。具体规格尺寸设计见表 7-15。

图 7-57

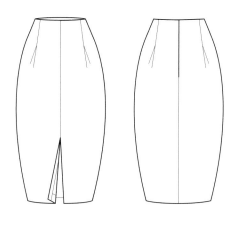

图 7-58

表 7-15　规格尺寸表 单位：cm

号型	尺寸	部位				
		裙长	腰围	臀围	腰长	腰宽
160/68A	净体尺寸	—	68	90	18	—
	成品尺寸	78	69	—	18	—

10.2　结构制图要点

（1）根据半紧身裙纸样展开，确定裙长。腰省省尖向下引垂线，作为切展线，绘制如图 7-59 所示。

（2）以裙摆为基点，在臀围线处展开一定的量。画出新的省位和缝止点，绘制如图 7-60 所示。

（3）修顺腰围线和裙摆轮廓线，绘制如图 7-60 所示。

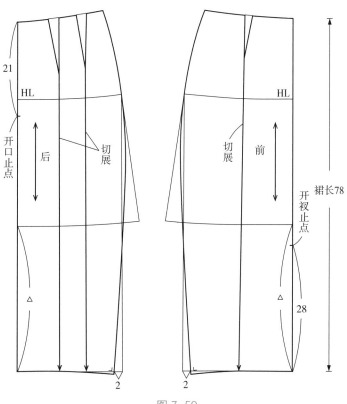

图 7-59

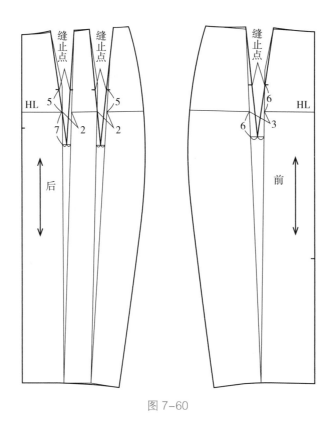

图 7-60

11 半裙结构设计案例十一：紧身超短牛仔裙

11.1 紧身超短牛仔裙款式特点分析

此款裙合体性较高，因款式造型需要，前裙片腰省量分散在前中心、袋口和前、后侧缝处。若面料有弹性，臀围加放量可适当减少（图 7-61、图 7-62）。具体规格尺寸设计见表 7-16。

图 7-61

图 7-62

表 7-16 规格尺寸表
单位：cm

号型	尺寸	部位				
		裙长	腰围	臀围	腰长	腰宽
160/68A	净体尺寸	—	68	90	18	—
	成品尺寸	38+4=42	69	94	18	4

11.2　结构制图要点

（1）根据基础裙纸样展开，确定裙长。前裙片腰省量分散在前中心、袋口和前、后侧缝处，绘制如图 7-63 所示。

（2）腰头绘制如图 7-63 所示。

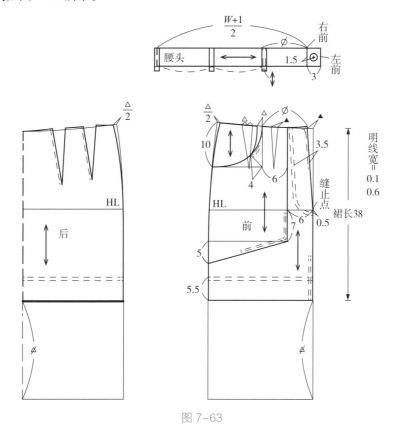

图 7-63

11.3　紧身超短牛仔裙变化款式特点分析

此款裙在紧身超短牛仔裙基础上变化得到，前裙片下摆斜向分割后，加入抽碎褶裙摆设计，快速得到一款新的裙型（图 7-64、图 7-65）。具体规格尺寸设计见表 7-17。

图 7-64

图 7-65

表 7-17　规格尺寸表　　　　　　　　　　　　　　　　　　　　单位：cm

号型	尺寸	部位				
		裙长	腰围	臀围	腰长	腰宽
160/68A	净体尺寸	—	68	90	18	—
	成品尺寸	90+4=94	69	94	18	4

11.4　紧身超短牛仔裙变化款式结构制图要点

（1）根据紧身超短牛仔裙纸样展开，确定裙长。依据款式造型画出前、后裙片下摆分割线，绘制如图 7-66 所示。

（2）前、后裙片下摆加放碎褶量，绘制如图 7-67 所示。

（3）腰头结构绘制如图 7-63 所示。

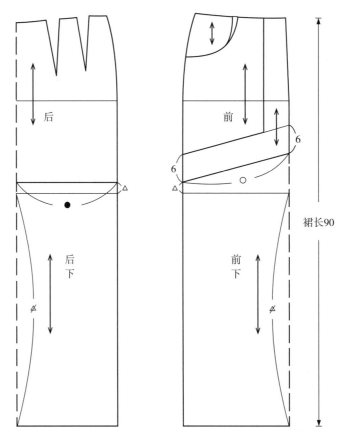

图 7-66

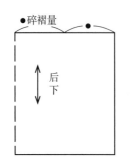
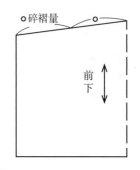

图 7-67

模块8　连衣裙结构设计案例

1　连衣裙结构设案例一：高腰连衣裙

1.1　款式特点分析

此款连衣裙为上下接腰型，接线位置高于正常腰节线位置，V字领，前衣身中心处有分割结构装饰，腰部以抽碎褶形式收身。袖型为半袖结构，袖口加松紧带抽褶装饰。裙摆呈喇叭状展开，后中心装隐形拉链（图8-1、图8-2）。具体规格尺寸设计见表8-1。

图 8-1

图 8-2

表 8-1　规格尺寸表　　　　　　　　　　　　　　　　单位：cm

号型	尺寸	部位					
		裙长	胸围	腰围	臀围	腰长	袖长
160/84A	净体尺寸	38（背长）	84	68	90	18	52（臂长）
	成品尺寸	38+50=88	84+8=92	—	—	18	20

1.2　结构制图要点

（1）原型省道分散变化：后衣身靠近侧缝线处的腰省折叠，将肩省/4的量转移至袖窿作为松量，绘制如图8-3所示。前衣身胸省转移到腰省处，靠近侧缝线处的腰省折叠，绘制如图8-4所示。

（2）裙长：在前、后衣身腰围向下50cm处，定裙长为88cm，绘制如图8-5所示。

（3）胸围：前、后衣身胸围在后中心线和腰省处共去除约2cm的量，绘制如图8-5所示。

（4）在前、后衣身腰围线向上7.5cm处确定

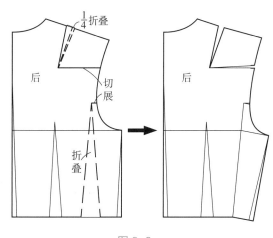

图 8-3

腰接线位置。后衣身肩省余量转移至腰省处。前衣身领口 0.5cm 的量转移至腰省处。前、后裙片侧缝长度相等，绘制如图 8-5 所示。

（5）前、后衣身与裙片切展后如图 8-6 所示。

（6）前衣身胸下抽褶对位点如图 8-6 所示。

（7）袖山高绘制如图 8-7 所示。

（8）衣袖绘制如图 8-8 所示。袖口处有一段缉缝松紧带的线迹，每条线迹间距为 0.5cm，收紧袖口的同时起到装饰造型作用。

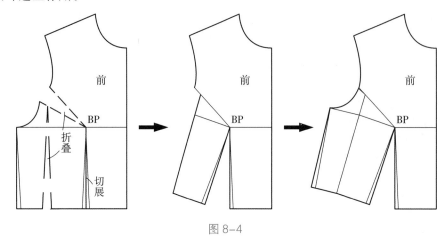

图 8-4

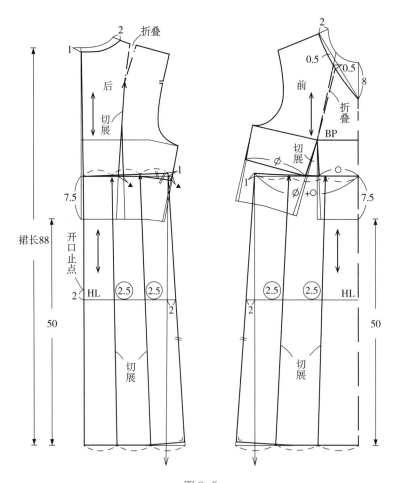

图 8-5

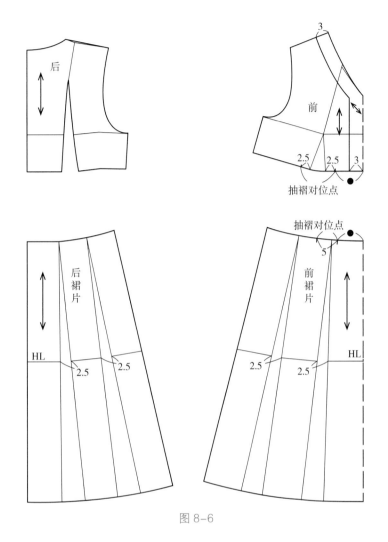

图 8-6

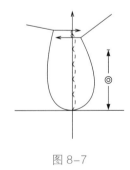

图 8-7

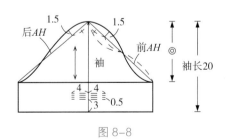

图 8-8

2 连衣裙结构设计案例二：低腰连衣裙

2.1 款式特点分析

此款连衣裙为上下接腰型，接线位置低于正常腰节线位置，领部有分割领圈装饰，前衣身有折线分割设计，沿横向分割线有两个双牙挖袋。下裙为单向折叠褶裥结构，后中心装隐形拉链（图8-9、图8-10）。具体规格尺寸设计见表8-2。

图 8-9

图 8-10

表8-2　规格尺寸表　　　　　　　　　　　　　　　　单位：cm

号型	尺寸	部位				
		裙长	胸围	腰围	臀围	腰长
160/84A	净体尺寸	38（背长）	84	68	90	18
	成品尺寸	38+44=82	84+5=89	68+8=76	—	18

2.2 结构制图要点

（1）原型省道分散变化：后衣身不变。前衣身胸省转移到肩省处，绘制如图8-11所示。

（2）裙长：前、后衣身在腰围线向下44cm处定裙长为82cm，绘制如图8-12所示。

（3）胸围：前、后衣身胸围线处共去除约3.5cm的量，腋下点上抬1cm，绘制如图8-12所示。

（4）前、后衣身臀围线向上5cm处确定低腰接线位置。前衣身肩省转移至腰省处，后衣身肩省转移至腰省处。下裙画出基础轮廓，绘制如图8-12所示。

（5）前、后衣身省道转移后的纸样如图8-13所示。

（6）考虑到前、后裙片褶裥均匀分布，将前、后裙片整合后等分。褶裥总数最好能被4整除。褶裥从上到下逐渐变宽，下摆两侧各加0.5cm，造型活泼。☆为因面料厚度折叠时产生的量，前、后裙片☆总量为1~3cm。绘制如图8-14所示。

（7）前、后裙片展开，绘制如图8-15所示。确定暗裥的量时要考虑造型需要、面料厚度、布幅宽度等因素。

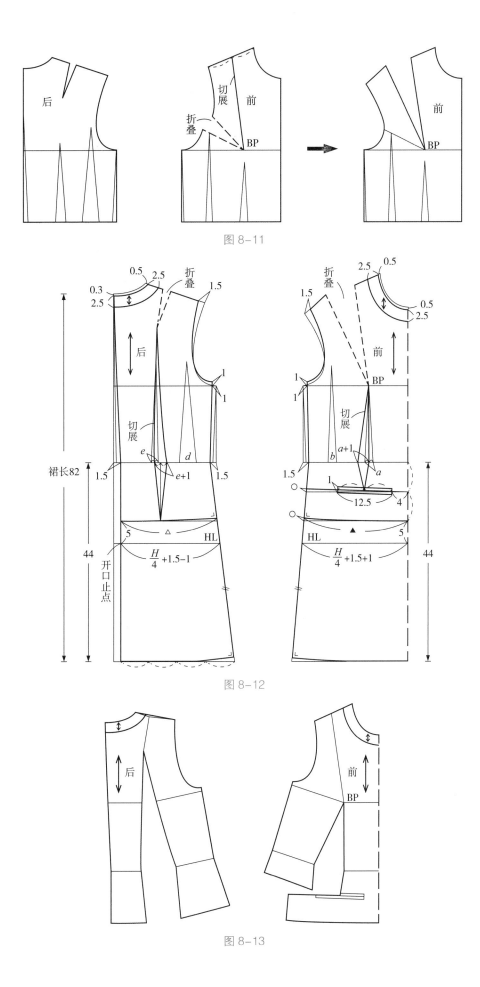

图 8-11

图 8-12

图 8-13

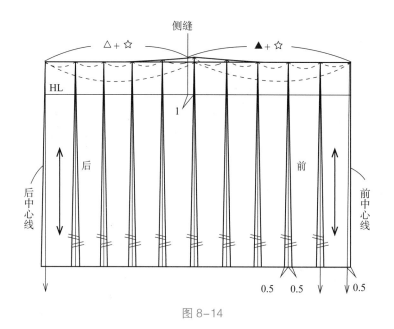

图 8-14

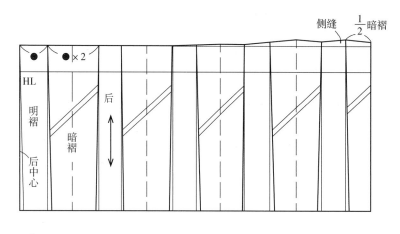

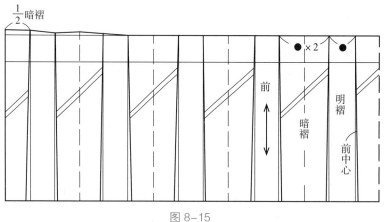

图 8-15

3 连衣裙结构设计案例三：刀背缝连衣裙

3.1 款式特点分析

此款连衣裙为纵向刀背缝分割款式，廓型线条流畅，修身效果较好。邻部为开口较深的 V 形领口设计，半袖结构，后中心装隐形拉链（图 8-16、图 8-17）。具体规格尺寸设计见表 8-3。

图 8-16

图 8-17

表 8-3　规格尺寸表　　　　　　　　　　　　　　　　　　　单位：cm

号型	尺寸	部位					
		裙长	胸围	腰围	臀围	腰长	袖长
160/84A	净体尺寸	38（背长）	84	68	90	18	52（臂长）
	成品尺寸	38+50=88	84+8=92	68+8=76	90+8=98	18	21

3.2　结构制图要点

（1）原型省道分散变化：后衣身肩省 1/3 的量转移至袖窿作为松量。前衣身胸省 1/5 的量作为袖窿松量，其余的量转移到肩省处，绘制如图 8-18 所示。

（2）裙长：前、后衣身在腰围线向下 50cm 处定裙长为 88cm，绘制如图 8-19 所示。

（3）胸围：前、后衣身胸围线处共去除约 2cm 的量，绘制如图 8-19 所示。

（4）臀围的加放松量分成三等份，分别加放在侧缝和刀背缝分割线处，绘制如图 8-19 所示。

（5）后肩线处的☆为缩缝量，因面料和工艺不同，可根据需要取 0～1cm，绘制如图 8-19 所示。

（6）前衣身领口省和肩省折叠，修顺领口轮廓线，绘制如图 8-20 所示。

（7）袖山高绘制如图 8-21 所示。

（8）袖子绘制如图 8-22 所示。

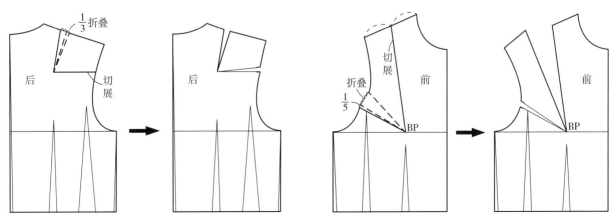

图 8-18

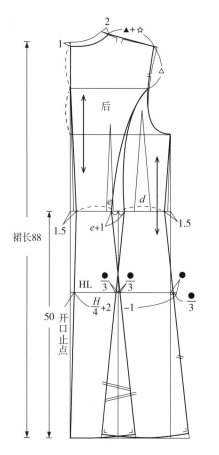

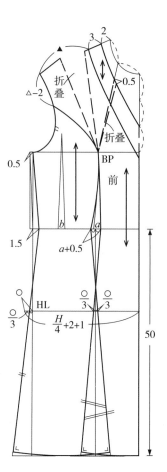

图 8-19

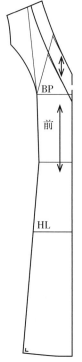

图 8-20

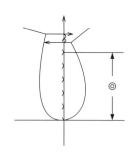

图 8-21

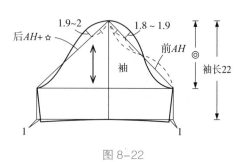

图 8-22

4 连衣裙结构设计案例四：吊带连衣裙

4.1 款式特点分析

此款裙型为抹胸、吊带结合的款式，胸、腰、臀放松量小，整体裙身合体度较高。腰部断开，胸部有横向分割线及异色布装饰设计（图8-23、图8-24）。具体规格尺寸设计见表8-4。

图8-23

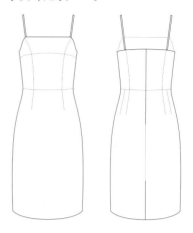

图8-24

表8-4 规格尺寸表

单位：cm

号型	尺寸	部位				
		裙长	胸围	腰围	臀围	腰长
160/84A	净体尺寸	38（背长）	84	68	90	18
	成品尺寸	38+59=97	84+4=88	68+4=72	90+4=94	18

4.2 结构制图要点

（1）原型省道分散变化：后衣身侧缝处腰省折叠。前衣身胸省转移为肩省，侧缝处腰省折叠，绘制如图8-25所示。

（2）裙长：前、后衣身在腰围线向下59cm处定裙长为97cm，绘制如图8-26所示。

（3）胸围：前、后衣身胸围线处共去除约4cm的量，绘制如图8-26所示。

（4）依款式图画出刀背缝分割线和横向分割线。靠近前、后中心线的腰省在接腰处对齐，绘制如图8-26所示。

（5）折叠前衣身肩省，拉展刀背缝分割线，修顺外轮廓线，绘制如图8-27所示。

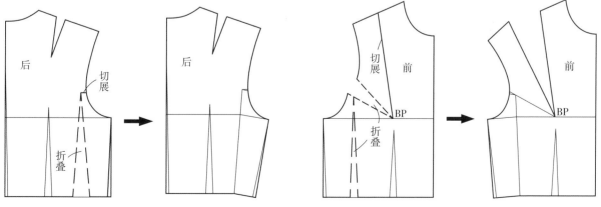

图8-25

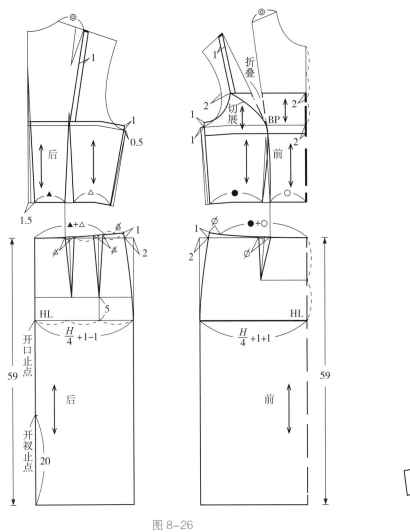

图 8-26

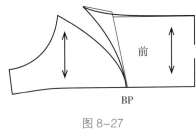

图 8-27

5 连衣裙结构设计案例五：背带连衣裙

5.1 款式特点分析

此款背带连衣裙呈 A 字廓型，宽松休闲。前衣身的背带带子可调节，侧缝处有镂空设计（图 8-28 、图 8-29）。具体规格尺寸设计见表 8-5。

图 8-28

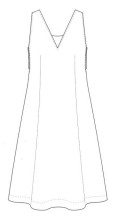

图 8-29

表 8-5　规格尺寸表　　　　　　　　　　　　　　　　　　　　　单位：cm

号型	尺寸	部位			
		裙长	胸围	腰围	臀围
160/84A	净体尺寸	38（背长）	84	68	90
	成品尺寸	38+62=100	—	—	—

5.2　结构制图要点

（1）原型省道分散变化：前、后衣身原型不变。

（2）裙长：前、后衣身在腰围线向下 62cm 处定裙长为 100cm，绘制如图 8-30 所示。

（3）分别从后肩省和前胸省的省尖端点向下引垂线，交至裙摆处。后衣身在衣原型 GG′ 线与袖窿交点 G 点处，前衣身在前胸省下端，分别加纵向切展线，绘制如图 8-30 所示。

（4）折叠部分后肩省和前胸省，作为裙身展开的量。裙身展开量的多少可依款式造型需要调整，绘制如图 8-31 所示。

（5）前衣身肩带可加长，绘制如图 8-32 所示。

（6）前、后衣身侧缝处纸样拼合，绘制如图 8-33 所示。

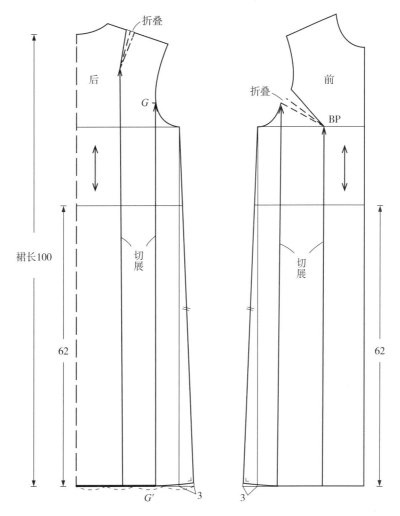

图 8-30

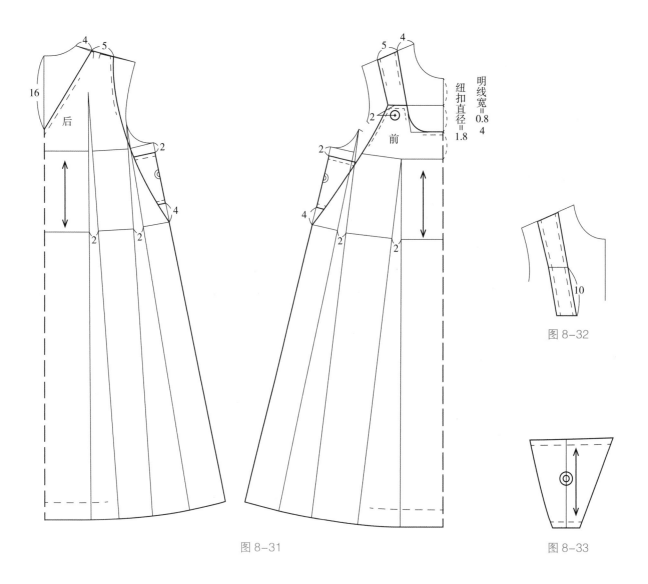

图 8-31

图 8-32

图 8-33

6 连衣裙结构设计案例六：半开襟连衣裙

6.1 款式特点分析

此款连衣裙为 V 字领、半开襟款式。胸前缉褶裥装饰，侧缝处有插袋设计。整体衣身宽松，风格休闲（图 8-34、图 8-35）。具体规格尺寸设计见表 8-6。

图 8-34

图 8-35

表 8–6　规格尺寸表　　　　　　　　　　　　　　　　　　　　　　　　　单位：cm

号型	尺寸	部位					
		裙长	胸围	腰围	臀围	腰长	袖长
160/84A	净体尺寸	38（背长）	84	68	90	18	52（臂长）
	成品尺寸	38+72=110	84+14=98	—	—	18	34

6.2　结构制图要点

（1）原型省道分散变化：后衣身肩省 1/3 的量转移至袖窿作为松量。前衣身胸省 1/5 的量作为袖窿松量，其余的量转移到肩省处，绘制如图 8–36 所示。

（2）裙长：前、后衣身在腰围线向下 72cm 处定裙长为 110cm，绘制如图 8–37 所示。

（3）依款式图调整前衣身肩省位置，并画好分割线，绘制如图 8–37 所示。

（4）后肩线处的☆为缩缝量，因面料和工艺不同，可根据需要取 0～1cm，绘制如图 8–37 所示。

（5）前开襟处纽扣位置绘制如图 8–38 所示。

（6）前衣身褶裥装饰部分等分为 9 份，每份的量为○。不同胸围尺寸可按造型需要调整等分的份数，绘制如图 8–39 所示。

（7）褶裥展开量为●，依造型设定●=（○–0.2cm）×2，修正外部轮廓线，绘制如图 8–40 所示。

（8）袖山高绘制如图 8–41 所示。

（9）袖子绘制如图 8–42 所示。

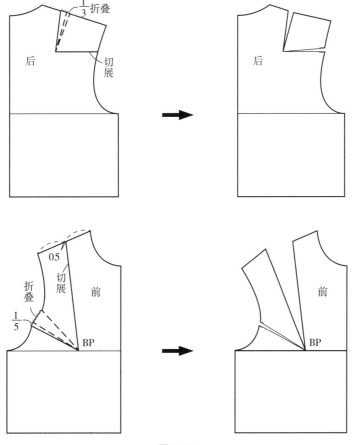

图 8–36

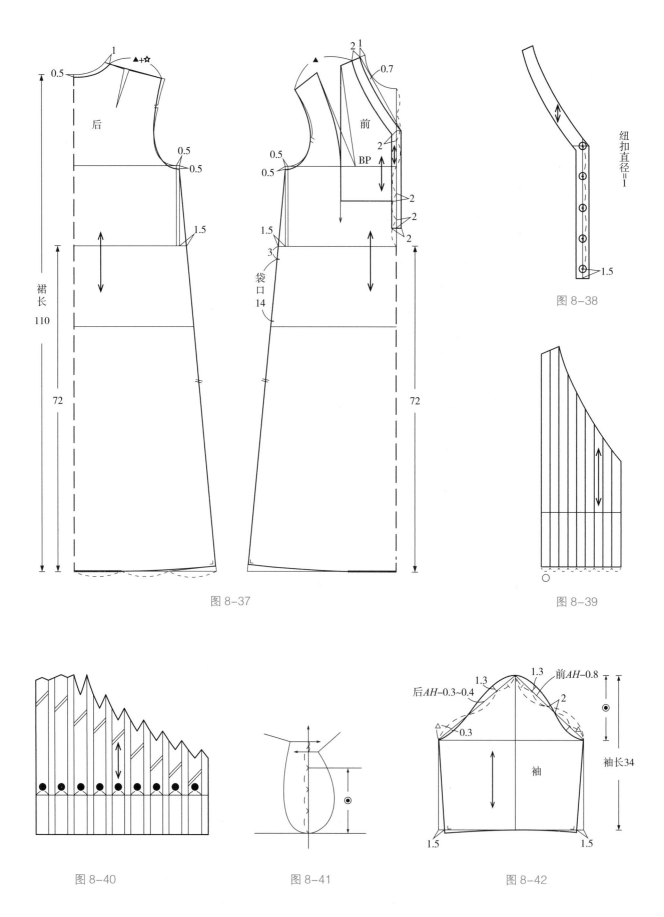

图 8-37

图 8-38

图 8-39

图 8-40

图 8-41

图 8-42

7 连衣裙结构设计案例七：双排扣连衣裙

7.1 款式特点分析

此款连衣裙为横开领，开领部位较大，连肩袖结构。前衣身开襟为双排扣设计，腰部横向分割接缝，前、后衣身有腰省收身（图 8-43、图 8-44）。具体规格尺寸设计见表 8-7。

图 8-43

图 8-44

表 8-7 规格尺寸表 单位：cm

号型	尺寸	部位				
		裙长	胸围	腰围	臀围	腰长
160/84A	净体尺寸	38（背长）	84	68	90	18
	成品尺寸	38+52=90	84+12=96	68+8=76	90+12=102	18

7.2 结构制图要点

（1）原型省道分散变化：后衣身肩省 2/3 的量转移至袖窿作为松量。后背宽处切展开 1.5～2cm 的量，绘制如图 8-45 所示。前衣身胸省 1/4～1/5 的量作为袖窿松量，其余的量转移到腰省处。前胸宽处切展开 1～1.5cm 的量，绘制如图 8-46 所示。考虑到连肩袖是由衣身直接裁出，为增加活动时的舒适度，避免袖子被臂根拉扯严重，所以在后背宽与前胸宽处加入松量。

（2）裙长：前、后衣身在腰围线向下 52cm 处定裙长为 90cm，绘制如图 8-47 所示。

（3）前肩点处增加袖长松量。考虑到袖口与手臂贴合，前、后袖窿线应画成弧线，绘制如图 8-47 所示。

（4）前衣身领口省折叠，修顺领口轮廓线，修正省尖位置，绘制如图 8-48 所示。

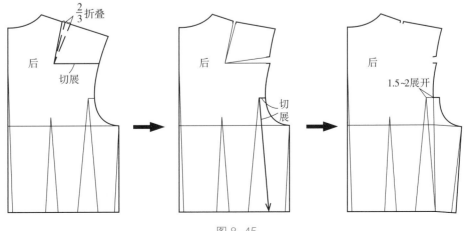

图 8-45

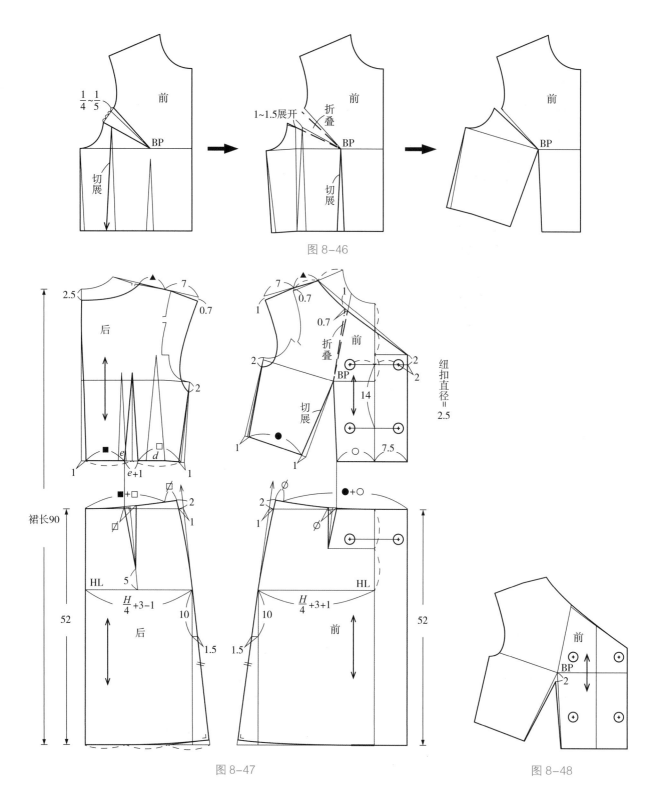

图 8-46

图 8-47

图 8-48

8 连衣裙结构设计案例八：改良旗袍

8.1 款式特点分析

此款旗袍为现代改良旗袍，传统中式立领，右衽斜开襟，大襟盘扣。以省道结构收身塑形，侧开衩衩位较高，绱袖结构，既有传统旗袍的特点，又融入了现代裁剪结构（图 8-49、图 8-50）。具体规格尺寸设计见表 8-8。

图 8-49

图 8-50

表 8-8　规格尺寸表　　　　　　　　　　　　　　　　　单位：cm

号型	尺寸	部位					
		裙长	胸围	腰围	臀围	腰长	袖长
160/84A	净体尺寸	38（背长）	84	68	90	18	52（臂长）
	成品尺寸	38+74=112	84+5=89	68+4=72	90+4=94	18	18

8.2　结构制图要点

（1）原型省道分散变化：后衣身肩省 1/3 的量转移至袖窿作为松量，绘制如图 8-51 所示。

（2）裙长：前、后衣身在腰围线向下 74cm 处定裙长为 112cm，绘制如图 8-52 所示。

（3）胸围：前、后衣身胸围线处共去除约 3.5cm 的量，绘制如图 8-52 所示。

（4）前、后衣身腰围线上抬 2cm，调节裙身比例，绘制如图 8-52 所示。

（5）后肩线处的☆为缩缝量，因面料和工艺不同，可根据需要取 0～1cm，绘制如图 8-52 所示。

（6）前衣身胸省 1/4 的量作为袖窿松量，其余量转移至侧缝省，并修正省尖位置，绘制如图 8-52、图 8-53 所示。

（7）依款式画出右侧大襟开襟弧线，绘制如图 8-53 所示。

（8）右侧开襟的底襟轮廓绘制如图 8-54 所示。

（9）前衣身完整轮廓绘制如图 8-55 所示。

（10）右侧开襟的盘扣位置绘制如图 8-55 所示。

（11）袖山高绘制如图 8-56 所示。

（12）袖子绘制如图 8-57 所示。

（13）领子绘制如图 8-58 所示。

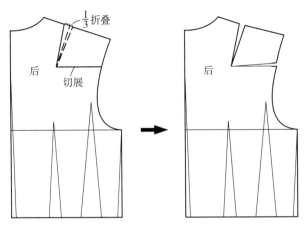

图 8-51

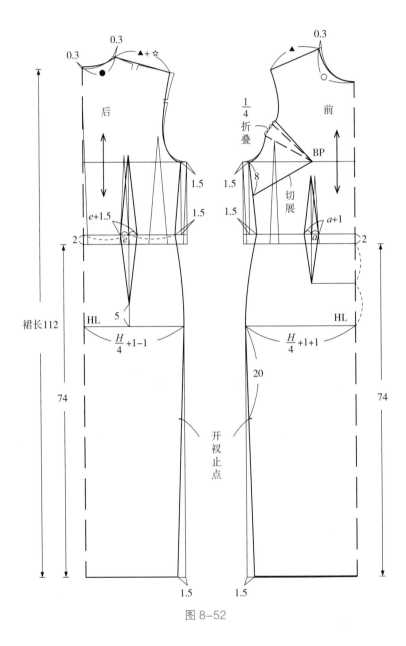

图 8-52

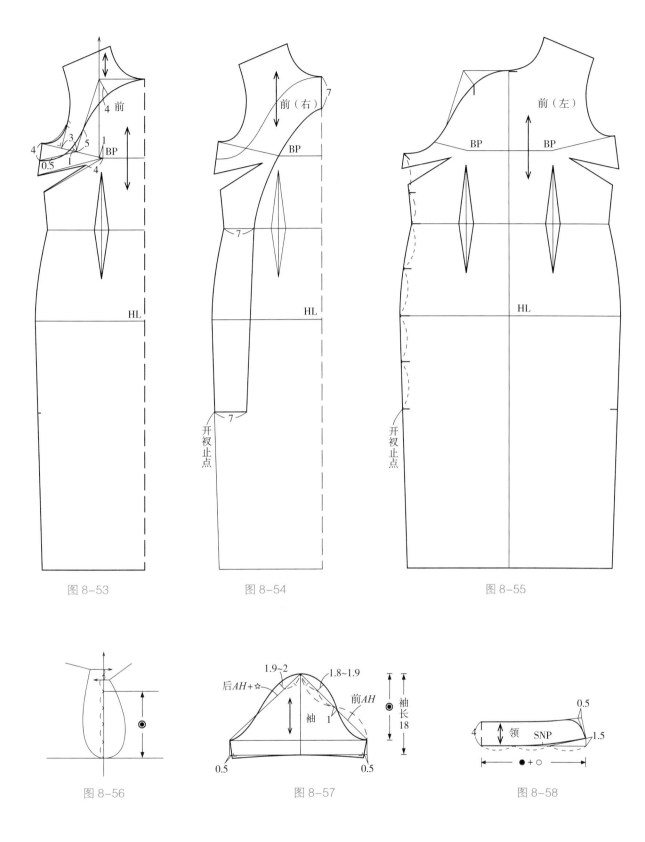

图 8-53

图 8-54

图 8-55

图 8-56

图 8-57

图 8-58

后 记

　　如何增强学生服装结构设计的实际应变能力，如何构建完整的、可持续发展的服装结构设计思维，以及如何形成学校教育与企业需求相适应的有效途径，是一个大的课题，希望本书能够抛砖引玉，希望同行和前辈提出宝贵意见共同探讨。

　　本书以日本文化服装学院原型结构制图方法为主展开讲解，在此对提供相关理论依据的同行表示深深的感谢！随着书稿的逐步完成，笔者深感日本文化服装学院结构制图方法的完整性、科学性和可持续发展性，希望通过笔者的努力能够让更多的人知道、了解、熟悉、掌握并运用它。在本书编写过程中，周轩竹、赵艺、孙清宇、王琛等同学为本书的插图绘制付出了大量辛苦的工作，在此表示衷心的感谢！

著者

2023 年 6 月